生物腐植酸
与有机碳肥

李瑞波　吴少全　编著

U0389783

化学工业出版社
·北京·

本书在第一版的基础上，以生物腐植酸与有机碳肥为主线，对传统化学植物营养学和土壤肥料学进行了深入讨论，在提出了构建"阴阳平衡"肥料工业和施肥方针思考的同时，系统介绍了利用有机废弃物生产有机碳肥的工艺技术，并进一步剖析了植物有机碳营养工业化生产的前景和意义。

本书适合从事农业生产和肥料制造人员阅读，也可作为各级政府农业和环保管理部门人员，以及农业大专院校、科研院所师生的参考书籍。

图书在版编目（CIP）数据

生物腐植酸与有机碳肥/李瑞波，吴少全编著. —2版.
北京：化学工业出版社，2018.10（2024.6重印）
ISBN 978-7-122-32756-7

Ⅰ.①生… Ⅱ.①李…②吴… Ⅲ.①有机肥料-腐植酸 Ⅳ.①S141

中国版本图书馆 CIP 数据核字（2018）第 171855 号

责任编辑：刘　军　　　　　　　　装帧设计：关　飞
责任校对：王　静

出版发行：化学工业出版社（北京市东城区青年湖南街 13 号　邮政编码 100011）
印　　装：北京建宏印刷有限公司
710mm×1000mm　1/16　印张 14¼　字数 236 千字　2024 年 6 月北京第 2 版第 5 次印刷

购书咨询：010-64518888　　售后服务：010-64518899
网　　址：http://www.cip.com.cn
凡购买本书，如有缺损质量问题，本社销售中心负责调换。

定　　价：68.00 元　　　　　　　　　　　　版权所有　违者必究

前言

　　笔者 2014 年在化学工业出版社出版的《生物腐植酸与有机碳肥》一书，至今已四年多了。实事求是讲，此书有点"另类"，引起了一些争议。但其受关注受欢迎的程度，在当下的涉农书籍中也是罕见的。有鉴于此，应广大读者要求，当出版社提出希望修订再版时，我欣然答应配合。正好这几年又经历了很多实践，获得了许多新经验，产生了不少新认识，正好可利用编写第二版的机会补充进去。相信这也是新老读者们所期待的。

　　第二版与第一版相比，有如下变化：

　　（1）章节重新编排，使作品条理更清晰，层次更合理。

　　（2）将土壤功能和土壤修复的相关内容放在第一章，力图使从事农业的人们重视研究土壤，关注土壤肥力的核心物质——碳养分。文中重点表达了这样的观点：对于土壤修复而言，碳不是万能的，但缺了碳是万万不能的。

　　（3）修改了一些重要概念：给碳正名确位。碳是生命之本，水是生命之源。但传统理论对植物必需营养元素的排序，将碳与氮、磷、钾同列为"大量元素"。这背离实际，主次不分，造成农业理论和技术方针的诸多失误。应该为碳正名，称其为"植物必需的基础元素"。

　　第一版把有效碳英文简写表达为 EC，此简写与"电解质"的英文简写重了，可能引起理解偏差，经与多位学者交流，比较一致的意见是表达为"有效有机碳"，英译为 available organic carbon，中文简称仍为"有效碳"，英文简写为 AOC。

（4）提出了一些重要的新概念和新规则。将"土壤肥力阴阳平衡动态图"编入书中，希望以此图及其衍生的公式 $w = w_0 \dfrac{2RM}{EF}$，取代已经过时的植物养分"木桶法则"，作为造肥用肥的指导原则。

研究农业生态应秉持"系统论"思维。农业生态系统是地球生态循环系统的重要组成部分。农业生态系统又由许多子系统所组成。各系统的运行都遵循着"阴阳平衡"的规律。一旦平衡被打破，系统就会崩溃。而维系"阴阳平衡"运动的能量物质就是碳。

提出了"富碳农业"技术方针。富碳农业包括"天补"和"地补"。"天补"就是提高农作物环境 CO_2 浓度和补光能，"地补"就是对耕地实行多渠道多层面的碳覆盖。"天补"加"地补"配合，农作物产量可翻番。

（5）对我国肥料产业结构改革提出了更明确的方向，就是制造以碳为母体的"阴阳平衡肥"。

（6）第二版在农业循环经济方面着墨较多。论证了农业循环经济关系到土壤修复，关系到环境保护，关系到粮食安全和食品健康，还关系到乡村振兴。农业的物质循环核心内容就是碳循环，而碳循环的关键技术就是碳转化，使有机物中的有机质向小分子有机碳转化。

（7）提出了农业碳循环的三项战略性思考。

① 以国家意志介入，强制大养殖场必须兼办有机肥料厂，由国家按成本价采购，利用西行的大量货运空车皮，把有机肥"东肥西调"，去西部农村沃土扶贫。此举予以制度化，坚持几十年，永断西部农村之穷根，彻底改变西部的农业生态，实现中华民族"圣人出，黄河清"的千年梦想。

② 动员社会力量到盐碱地去办大型养殖场，将大量畜粪和污液转化为有机肥料和肥液去改造盐碱地，盐碱地便可种植饲料作物反哺养殖业。逐渐把几亿亩寸草不长的盐碱地变成米粮仓、动物蛋白生产基地。

③ 利用有机碳菌技术推广简易的有机废弃物转化模式，推动农村建立种养结合的合作社，种牧草养牛羊，解决占农村人口 1/4 的有劳动能力的中老年人就业致富，充实乡村振兴的内涵。

（8）论证了有机碳肥技术的历史性贡献，希望引起重视，合力创建富碳农业，为高速运行的"中国列车"打造坚实的底盘。

几年来我国农业界碳"温度"升得相当快。现在学碳知碳讲碳用碳的人数，像滚雪球式地增长。所以这本关于有机碳肥的首部著作修订，应该会得到读者们热烈的欢迎。

我国已进入社会主义建设的新时代。正迎来一场亿万人参与的、波澜壮阔的土壤修复和乡村振兴的伟大实践，需要广大农业从业者深刻地认识碳，系统地了解土壤肥料，理性地掌握和应用有机碳肥技术。因此本次修订再版就显得很及时、很有价值。

李韬葵

2018 年 8 月

第一版前言

自本人的第一本"生物腐植酸"著作——《生物腐植酸肥料生产与应用》出版后,来电来人咨询交流不断,这说明生物腐植酸吸引了更多人的关注,同时也说明该书在理论阐述方面还不够,需要进一步完善。

两年多来,我们技术团队又开发了几个生物腐植酸新肥种。这些用植物有机营养的精华要素"组装"出来的新型肥料,单位面积用量比化肥还少,却能产生较好的应用效果,这用传统的肥料理论已经不能解释。于是我们一次次向传统的化学植物营养学发问,不断发现该理论体系的缺陷。170多年前由西方学者创立的化学植物营养学理论,以及几十年来我国大量学者据此演绎阐述而成的土壤肥料学经典,究竟哪里出了问题?生物腐植酸沿用矿物腐植酸理论,是不是走岔了路子?这两个大问题在我的脑海中反复出现。

二十多年来我国社会经济快速发展,而许多领域相应的理论研究却严重滞后,理论创新更为稀缺。这不但制约了社会经济的发展,也使发展不科学、不平衡产生的负面作用不断积累。这种积累是一种"负能量",会对社会产生破坏力。变革就是经常性的局部调整,以舒缓消解"负能量"的积累,使社会得以持续稳定发展。在农业领域,伴随着国家工业化而带来的化学农业耕作方式转变,也积累了太多"负能量",产生了严重的农业环境问题和食品安全问题,这就是所谓"化学农业综合征"。可是当人们痛定思痛寻求农业可持续发展新模式时，许多人把眼光转向有机农业。一种否定和排斥化肥的倾向出现了。有机农业被解读为纯有机种植，这可能使我们走入另一误区。

农作物的问题在土壤，土壤的问题在肥料，土壤肥料问题路在何方？这既是农业专家们的焦虑，也是政府部门领导者们的求索。

我们力图通过对生物腐植酸肥料的深入研究，找到植物营养中有机与无机和谐之道，并把其贯彻到肥料的生产技术和施肥技术中去。我们不但制造并验证了几种有机肥力相当于普通有机肥 10 倍以上的"超级有机肥"，而且找到了标示和检测其肥力的量化指标——有效碳（EC），制定了世界上第一套有机碳肥的技术标准。这就为和谐施肥、科学施肥直至信息化计量施肥，找到了新的精细高效的有机营养肥种。

这是一个著述与科研同步的经历。在这个过程中，随着一个个预期研发目标的实现，理论上的认识也一步步深入。回头一望，发现生物腐植酸只是一道桥梁，走过了它就是有机碳肥的世界！用植物有机碳营养这盏明灯，可以照亮探索植物营养学和土壤肥料学真谛的崎岖小路。我们开始了建立植物有机碳营养理论体系的尝试。当植物有机碳营养"二通道说"清晰起来时，当第三本"生物腐植酸"浮现出"有机碳肥"这条主线时，我们可能离真理更近了。如果我们真的撬开了一扇藏宝阁之门，我们多么渴望更多的人共同来探寻挖掘和分享里面的财宝。因为这将是全人类的无价之宝！

本书最后章节提出了基于"物质大循环"理念的"城市型农业"和"农业型城市"的构想，这既是对建设美丽中国伟大事业的衷心祝愿，也作为我们与读者继续交流的一组新命题。

西北农林科技大学刘存寿教授多次对我们的研究方向

和学术观点表达支持，还把他最新力作《有机全营养配方施肥技术研究》全文发给了我。该文广博深邃，对植物营养和肥料理论有多项独到的创新观点，对本书的立论提供了有力支持；我们对有机碳肥的研发工作，受到了我国农业界老一辈德高望重的领导郝盛琦老先生的高度关注和热情鼓励。中国民营科技促进会段瑞春会长欣然为本书作序。我们借此机会向他们表达深深的谢意。中国农业科学院朱昌雄研究员、华南农业大学廖宗文教授和华东理工大学周霞萍教授都对我们的研究给予了关心和指导。另外，于天夫、刘昱杞先生也为本书的编写做了大量协助工作，在此一并表示诚挚的谢意！

李瑞波
2013 年 8 月于福建诏安

目 录

第二章　生物腐植酸与有机碳肥原理 / 042

第三章 用"碳思维"分析有机肥料 / 095

第四章　有机碳肥品种及其制造技术 / 108

第五章　有机碳肥的应用技术 / 136

第六章　有机碳肥技术在现代农业中的作用 / 151

第一章

概　述

第一节　土壤的成分

土壤是地壳表层生长植被的部分（见图1-1），具备植被生长的条件：可以固定并容许植物根茎的生长；蓄含植物和土壤微生物所需的水分和空气；提供植物所需的养分；维持酸碱度（pH值）在适当范围内；对旱、涝、寒、热等极端气候有一定的缓冲功能。

图1-1　地壳表层剖面图

土壤成分和各成分的功能见图1-2所示。

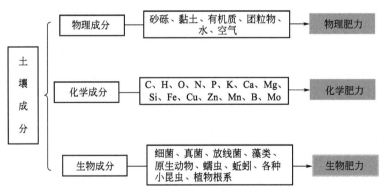

图1-2　土壤成分功能图

物理成分是框架，蓄含化学成分，滋养土壤的基础生产力——生物系统，这就形成三位一体的土壤肥力。

在上述土壤化学成分中，碳（C）养分起关键和基础作用。碳广泛存在于有机质（OM）中，有机质是碳库。从有机质到碳养分有一种中间物质，就是有机质的衍生物腐殖物（HS）。腐殖物是土壤的重要组成部分。

腐植酸（HA）是由动植物（主要是植物）残体在微生物及地球化学作用下由腐殖物及其他有机物质分解或合成的一类天然有机大分子物质，没有固定的分子式和分子结构。腐植酸广泛存在于土壤、水体和煤炭矿物之中。地球上土壤中的有机质碳约 3 万亿吨，其中 HS 碳占 80%左右。

腐植酸对土壤肥力的基础作用，实质上就是碳物质的作用。而且土壤三种肥力之间是互为因果，并都与碳有着紧密的联系，见图 1-3 所示。

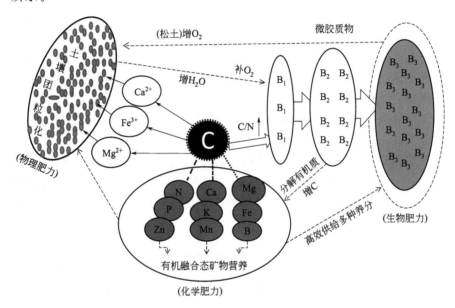

图 1-3　土壤三种肥力与碳（养分）关系

成绍鑫在《腐植酸类物质概论》一书中高度概括了中外大量专家的观点，对腐植酸与土壤形成和肥力的作用作了如下论述：

① 腐植酸是土壤形成的积极参与者和促进者，腐植酸（HA）中的黄腐酸（FA）对无机质岩石有较强的分解作用。

② 腐植酸促进和制约着土壤金属离子、微量元素的迁移、固定和淋溶。这些腐植酸-无机质的复合体对土壤中的钾、钙、镁、铁、锌、锰等有益元素的迁移或固定有很大的影响。腐植酸（HA）对微量元素的富集能力的确是可观的。

③ 腐植酸是土壤结构的稳定剂，富含腐植酸类物质的土壤比贫瘠

土壤的团聚体含量高5～7倍，总孔隙度高0.3～1倍，空气含量、渗水速度都明显较高。

④ 腐植酸影响着土壤的盐基交换量（CEC）。盐基交换量是土壤肥力的一个重要指标，决定着土壤保持养分的能力。腐植酸（HA）与矿物发生物理化学作用后改变了矿物吸附基团的性质。

⑤ 腐植酸影响土壤的持水性。腐植酸类物质能降低水的表面张力，从而减小水与土粒表面的接触角，增加水的铺展面积。富含HA的土壤比贫瘠无机土壤持水能力提高5～10倍。

⑥ 腐植酸是植物养料的仓库，HA通过吸附、络合、螯合、离子交换等作用，或者间接通过激活或抑制土壤酶，对诸多营养元素起保护作用和贮存作用。凡是HA含量高的地方，营养元素含量也必然高。所以100多年前不少人误认为腐植酸本身就是植物的养料。

几十年来腐植酸肥料行业的研究者们沿用着这些经典理论展开对腐植酸肥料的研究、制造和应用，为我国腐植酸肥料的理论完善及产业发展做出巨大贡献。

但是正如上述理论所表达的，腐植酸专家们不认为腐植酸本身是植物营养。

腐植酸专家们忽略了腐殖物经微生物作用会产生水溶有机碳（DOC），而有机碳的分子粒径小到一定尺度以下，其水溶物是可以被植物根系直接吸收的，这就是植物有机碳养分的一种存在形式，见图1-4所示。

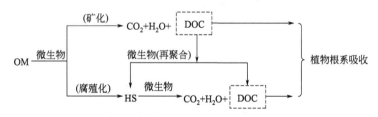

图1-4　有机质—腐殖物—水溶有机碳关系

可以合理推测：HS是微生物死亡尸体与有机残渣的混合物，小分子DOC是微生物的分泌物，后者被植物根系直接吸收。所以HS间接为植物提供有机养分。

微生物作用于有机质产生腐殖物和水溶性有机碳，促进土壤的肥沃和农作物的生长。从这个意义上来说，土壤不是单纯的肥料贮存器和输送带，而是依靠复杂的生态系统对有机质进行"二次加工"的"消化系统"，见图1-5所示。

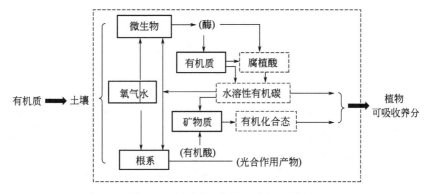

图 1-5　土壤对有机质二次加工示意

可见土壤相当于一个消化系统，那些不易被吸收的有机质和非有机物质（如矿物质），被这个消化系统加工成了小分子有机态养分，才被植物吸收。

如果只重视使用化肥，而不注意适时使用有机肥，丢弃"养地"的传统，会使土壤贫瘠化、化肥利用率低下。

微生物生存繁殖主要的能源是碳和氮，且碳氮比值应在 25 左右。土壤中有机态碳极度缺乏时，微生物不能繁殖，这是土壤板结的根本原因。

忽略了给土壤补充水溶有机碳，是经典腐植酸土壤肥料学的一大缺失。而这个补碳功能，由腐植酸中水溶性好、分子量小的黄腐酸可以实现。

这种缺失与黄腐酸在矿物腐植酸中的地位有关。因为纵观矿物腐植酸行业，黄腐酸是小品种，生产成本又比较高，企业重视程度不够，只有将其用到高价值产品——叶面喷施肥，才派得上用场。如今腐植酸肥料的局面是：大量腐植酸产品被作为土壤改良剂和化肥增效剂使用，少量产品（黄腐酸）被用作叶面喷施肥的原料，却都没给土壤补充碳元素。

生物腐植酸与矿物腐植酸之间，既有相同又有不同，必然会产生适用于生物腐植酸的新理论、新方法。

第二节　土壤的分类和土壤质量的评判

土壤形态多样，成分差别很大，要对土壤做出精准的分类并非易事。但从农耕角度来看，只需对土壤进行简化归类即可。

土壤按物理类型分为：沙质土、黏土、沙壤土。沙质土透气性好，但保水保肥能力差，比较适合种植块根类作物，如萝卜、胡萝卜、马铃薯、红薯、花生、葛根等。沙质土最需要补充有机质和腐殖物。黏土透气性差，保水能力强，适合种植水生作物，如水稻、莲藕、马蹄等。如要在黏土型土壤中种植非水生作物，必须认真做好排水沟渠。沙壤土透气性较好，保水保肥能力较强，一般含 HS 物质丰富，适合种植除水生作物外的大部分农作物。

土壤按酸碱度（pH 值）分为：酸性土壤、碱性土壤、中性土壤。影响土壤酸碱度的因素首先是地域因素。我国南方的红壤土地带，土壤基本上呈酸性；华北和东北的农田，土壤基本上呈碱性。不当农作也会加剧土壤的酸化或碱化，使得酸性土 pH 值下降，碱性土壤 pH 值上升。例如南方香蕉田近年发现 pH 值普遍低于 5，这是由于长期偏施化肥，有的则是埋施未经充分腐熟的畜禽粪便造成的。而华北和东北一些地区，大田作物长期不进行秸秆还田，也很少补充有机肥，土壤有机酸类物质浓度极稀薄，盐分积累逐年增加，加上原来石灰岩土质的特性，土壤盐碱度就呈上升趋势。

按土壤肥沃程度可将其分为多个等级。土壤三大肥力的核心物质是碳养分，所以先从这里入手来分析土壤的肥沃度。从图 1-4 可见，碳养分追根溯源到有机质（OM），即可以用土壤有机质含量作为评判土壤质量的重要标准，见图 1-6 所示。

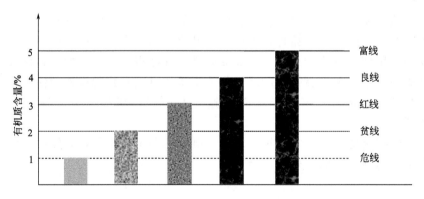

图 1-6　土壤肥沃程度分类

把有机质含量 3% 定作"红线"，这是从土壤生态学和植物营养学两种角度来分析的。只有有机质含量在 3% 以上，配以适量的无机养分，土壤三大肥力才能达到最基本的丰度，土壤生态（包括土壤中的生物系统和其上的农作物）才能保持良性循环，农产品才能达到其 DNA 的正常表达（即健康）。基于这一点，一些发达国家对农产品的管理，就直接抓土壤有机质含量这一项：有机质含量低于 3% 的农田，其生产的农产品不允许出售。

由于长期的"化学农业耕作"和"处理—达标—排放"的环保方针，导致我国耕地有机质含量平均每年下降 0.05 个百分点，现在已经降到 2.08%，踩破了"红线"触到了"贫线"，这将对农业的可持续发展产生较大的影响。

还有其他一些参数与土壤肥沃度有关。

（1）微生物指标　包括单位质量土壤中微生物总量，各大类微生物（细菌、真菌、放线菌）所占比例。

（2）无机养分　即 N、P、K 和中微量元素含量。这些也是土壤肥沃度的因子，对其含量的了解有助于确定各种化学肥料的补充方案。

（3）土壤容重　这是测试土壤含氧量的方法，也是判断土壤板结程度的指标。

（4）土壤肥沃程度　这是土壤质量最重要的指标，尤其是 3% 的"有机质含量红线"，必须作为与耕地面积红线同等重要的指标来严格遵守。

第三节　土壤对生态环境的影响

地壳中几十种主要元素，碳（C）虽然只占总重量的 1.28%，但在土壤（地壳最表层生长植被部分）中却占 2.5% 左右。而在地球表面最富活力的生物质中，碳平均占到 40%（干重）左右，它是构成生物分子框架的主要元素。生物质的碳来自地球表层和大气的碳循环，所以碳循环对地球环境具有特殊意义。

全球碳循环是由大循环进入小循环的。大循环也称地质循环，是指碳在岩石圈、水圈、大气圈、生物圈之间以 CO_3^{2-}、HCO_3^-、CO_2、CH_4、$RCOOH$（有机酸）形式互相转换和迁移的过程。小循环即生物循环，指生命物质与大气之间以 CO_2 形式进行交换的过程。与生物和人类关系最直接的是生物循环。

植物中叶绿素在太阳能的作用下从大气中吸收 CO_2，合成植物自己的组织，放出 O_2：

$$CO_2 + H_2O + 能量 \longrightarrow 植物组织 + O_2 \uparrow \qquad (3\text{-}1)$$

于是，植物组织就积蓄了太阳能，也就是说太阳能转化为生物质能。这些能量被动物和微生物利用，通过呼吸放出 CO_2 和水，最后植物死亡和分解后放出 CO_2 和水，回到大气中：

$$植物组织+O_2 \xrightarrow{\text{微生物}} CO_2\uparrow+H_2O+能量 \quad\quad (3\text{-}2)$$

但是，并不是所有的植物组织都按式（3-2）完全分解。在一定条件下，相当一部分植物残体在微生物作用下被腐殖化，形成腐植酸类物质（HS）。如果继续覆水、缺氧并处于酸性介质中，植物残体就可能通过泥炭化阶段进入成煤阶段。还有一些低等生物残体会转化为腐泥煤、石油和天然气。这实际上是以腐植酸类物质（HS）的形式把太阳能储存在地壳中了。腐植酸类物质（HS）和煤经微生物或纯化学氧化-降解过程，转化为 CO_2、H_2O 和其他低分子物质，放出能量，完成植物碳循环过程。这样，式(3-1)和式(3-2)应为：

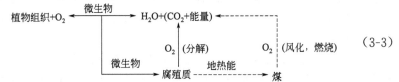

$$\quad\quad (3\text{-}3)$$

一般来说，每年约有 30% 的植物枯枝落叶转化成新的腐植酸类物质（HS）。HS 逐年积累，但同时又有一部分逐渐分解（矿化），到 5 年后大约只留下 1/5。越"老"的 HS 矿化得越慢，新 HS 比老的 HS 分解速度快几倍。

动物也参与了生物碳循环。动物是利用植物储备的太阳能（以蛋白质、淀粉、脂肪的形式）进行生命活动的。动物通过吸收植物能量（营养）、呼吸（吸入 O_2，放出 CO_2）、代谢（排出粪便）以及死亡后进入腐殖化过程，有机质被分解为 CO_2、H_2O 并合成腐植酸类物质（HS），后者继续缓慢分解，完成一个循环。当然，与植物相比，动物在地球碳循环中所占的比例要小得多[1]。

由以上论述可见，碳主要是以土壤中 HS 的方式存在，并以 HS 的矿化（分解）和碳的重新聚合等方式周而复始地进行，推动地球的碳循环。

可这样通俗地理解：土壤是生命体，其蕴含着复杂的生命体系和各种生命体赖以生存演化的能源，参与并推动着地球的碳循环。

土壤对周边大气和环境的影响就是土壤参与全球小的碳循环（生物循环），这其中土壤微生物和碳养分起着关键的作用：白天，随着太阳能的逐渐增强，植物利用光合作用吸收二氧化碳，释放大量氧气，光合作用合成的碳水化合物，源源不断输送到植物的根系，经复杂的生化过程以有机酸（属于碳养分）的形式分泌出根毛，这为根际微生物提供了能源和刺激素，加上地温的提升，土壤微生物活动大大加强，对土壤中的有机物和腐植酸类物质进行分解和再合成，此过程会释放大量的二氧化碳，吸收氧气，这正好与地面的植物吸收二氧化碳、释放氧气的流程形成循环。到了夜间，植物的光合作用停止，但它还要维持自身的生命活动，这就要消耗自身积累的碳养分，消耗外界的氧气，这就形成植物夜间吸收氧气、呼出二氧化碳的流程。与此同时，土壤微生物得不到根系有机酸，加上地温下降，其生命活动和对有机物质的分解活动弱化，土壤中"自生"二氧化碳的浓度下降。由于二氧化碳密度高于空气，地面植物释放的二氧化碳下沉"挤占"土壤空气空间，致使土壤"呼出"氧气。于是又出现了土壤与植物之间二氧化碳与氧气的对流循环，只不过这个循环的流向与白天相反。

土壤与其上的植物昼夜之间这种循环"呼吸"，永无休止地进行，土壤无疑是巨大的"过滤器"，使空气得到净化，所以在土壤质量良好，农作物生长茂盛的田野，无论白天还是夜间，人们身处其中都会感觉空气清新，身心舒畅。

当土壤质量恶化，有机质含量跌至"危线"，微生物活动下降，上述这种土壤与农作物、土壤与大气之间的气体循环就弱化甚至消失，土壤失去作为空气净化器的作用。由于碳养分的缺失，施入土壤中的氮肥被吸收利用率很低，大量氮素以硝酸盐和亚硝酸盐的形式进入水体，加剧了水体富营养化，并污染地下水。部分气化与氧气结合，经空气中电场的作用转化为氧化亚氮（N_2O）和氨气（NH_3），成为空气中微尘形成的核心物质，这是产生雾霾的重要成分。所以板结的土壤非但不能对大气净化做出正面的贡献，还间接地为 $PM_{2.5}$ 做出了贡献。

由于土壤 HS 的缺乏，土壤团粒结构不能形成，持水能力差，植被衰弱，华北、东北、西北等地大面积土壤沙化，这是土壤对大气质量的负面贡献。

现在，我国大量农田使用塑料地膜。塑料地膜在保水、保持地温、防抗极端气候和防止草害等方面具有重要的作用，但其负面作用也逐渐显现出来。其农膜残片在土壤中的积累产生的问题，已引起人们的注意。但其对土壤的呼吸作用、对大气循环和土壤对空气净化的作用等方面，都有负面影响，至今受关注度不高。因此期待"透气农膜"的诞生和推广应用。

第四节 土壤对农作物的影响

土壤肥沃，农作物就好种、好管、好收成。但要探究其作用机理，真正讲到要点，分析透彻却不是易事。但这些学问，正是每一位农者的必修课。这些内容，便是本书贯于始终的主线，本节只提纲挈领式地先予提点，作个铺垫。土壤对农作物的作用主要体现在以下几方面。

（1）对农作物根系的影响　土壤三大肥力充足，就具备了植物根系生长所需的养分、水分、氧气和微生物系统，农作物根系发达。"根深叶茂"，农作物光合作用效率高，物质积累丰富。

同一种农作物，在肥沃土壤中生长比在贫瘠土壤中生长，其根系总量会相差1倍甚至数倍。同一种植物其根系总量与地上部分生物量的比例大致是恒定的。所以土壤直接影响植物根系，也就影响农作物产量。

（2）对农作物健康的影响　笔者曾到马来西亚云顶高原考察蔬菜大棚。当地种植户要种植"有机蔬菜"，习惯用鸡粪简单堆制后埋施，然后种上菜苗。其收割的青花，每朵只有150g左右，当询问其菜的味道如何时，其直摇头。拔起一株刚割花的菜茬，只见根系大部分腐黑，只有浅层表土中的根是正常的。菜茬上的母叶，色泽灰暗，边缘卷曲。再往土里挖，鸡粪的恶臭散发出来，用洗洁精洗了三次手，还未能尽除臭味。笔者问该农户："这株菜极不健康，人吃了会健康吗？"其回答："为什么菜不健康？施了有机肥啦！"笔者告诉他：你用不当的方法处理鸡粪，就污染了土壤。土壤不健康，农产品也就不健康。

几乎所有农户都明白：气味清新、土质肥沃的土壤，农作物生长顺利健康，病害就很少。板结的土壤、发出酸臭味的土壤，农作物呈亚健康，很易发病。最近几年农民开始重视施有机肥，就有些大型养鸡场把鸡粪烘干粉碎，一卡车一卡车地拉到农村低价卖给农民，农民直接施用到土地中，不但造成农作物黄化，还使病虫害频发。这是由于大量的鸡粪未经合格腐熟，大分子水溶物造成土壤缺氧，进而诱导土壤中微生物群系组成的变动：好氧菌被抑制，厌氧菌大量繁殖，形成一种不利于根系生长和促使有害微生物滋生的土壤环境。也就是说烘干鸡粪把土壤污染了，农作物就不健康了。

农作物不健康引发病虫害频发，农户频繁使用化学农药，于是农药残留的严重性也就凸显了。

（3）化肥利用率问题对农作物健康的影响　大量事实证明，肥沃的土壤用少量的化肥就能获得好收成。这是由于有充裕的有机养分去"组合"无机养分，化肥所带的无机养分得到充分的利用，在植物体内没有无机离子被"闲置"于细胞组织之外，这种农作物营养积累平衡且丰富，植株健壮，果实丰满，作为农产品，必然是质量上佳，口感良好。

反之，土壤贫瘠，所施的化肥养分得不到足够的有机养分的"组合"，化肥中无机离子虽然能随水分进入植株，却只有部分被组合吸收入细胞组织，其余则以离子态存在于细胞外液中，这相当于动物血液中的垃圾，不但影响农作物的健康，也使农产品质量低劣，口感差。土壤越贫瘠，化肥利用率就越低，农作物这种"化肥病"就越严重，所以化肥对农作物健康的影响也可以归结为土壤对农作物健康的影响。

第五节　各类土壤病及其原因

土壤承载万物，养育生命。没有健康的土壤，包括人类在内的一切生物都将生活在饥饿混乱和恐惧之中。什么是健康的土壤？就是第一节所描述的三种肥力都丰足且平衡的土壤。而不健康的土壤就多种多样了，这里归纳为如下十大土壤病，供读者参考。

一、贫瘠病

贫瘠病是指土壤中各类养分缺乏所引发的病，这又可细分为：

（1）缺碳病　土壤有机质含量跌到贫线（2%）以下，碳养分十分贫乏，导致微生物活动式微，土壤内部及土壤与大气之间的生态循环建立不起来，土壤就失去自肥能力。随着农作物不断种植，碳养分消耗殆尽，轻则导致农作物亚健康、低产，重则土壤严重板结或沙化，农田大面积荒漠化，种不出真正意义上的庄稼。

（2）缺素病　也是一类贫瘠病，只不过它缺的是某一种或多种无机营养元素。常见农作物一些不正常表征：花而不实、黄叶、叶斑、叶缘干焦、叶脉发黄、条纹病等，都与缺某些无机元素有关。比较常见的与地域或作物有关的缺素，例如南方的缺镁，北方的缺磷，许多果树的缺硼，水稻的缺硅等。

某种大量元素缺乏主要是由于农户对农作物需肥知识不足引起的，

而微量元素知识则需很专业的农户才能掌握。由于微量元素需要量少，如果重视给农田补充足量有机肥，微量元素缺素病是能被克服的，因为有机物中就包含多种微量元素。还有一种可能是因为微量元素一般惰性较大，如果土壤板结、农作物根系衰弱，即使土壤中某种微量元素并不缺乏，却很难被农作物吸收，使农作物表达出缺素症，其实这是一种缺素假象。

有的缺素病还与施肥不当有关：某种无机营养元素过量施用，会抑制某一种微量元素被吸收，这可称之为"长板抑制"。

二、"富肥病"

常见的是过量施用氮肥，致使土壤硝态氮浓度过高，在硝化-反硝化的过程中，产生大量亚硝酸盐，伤害植物根系并污染地下水。还有一种"富肥病"是过量施用过磷酸钙，使土壤钙质化，硬化程度严重，成为不可耕作土壤。

三、腐败病

一些大养殖场乱排污，年长日久便使周边耕地积累了很浓的未经充分分解的有机物。近年来许多农户重视施有机肥，但又缺乏有机肥制作的知识，以为畜禽粪便就是有机肥。有一位蓝莓种植户，居然每亩❶用了15t鲜牛粪做底肥，使蓝莓种上后没有几天就发黄干焦。

腐败病的本质是土壤微生物种群结构恶化，有益微生物失去控制权和繁殖条件，土壤的新陈代谢和呼吸机制建立不起来，土壤中长时间只有化学反应，没有正常的"生物反应"。

四、缺氧病

黏性土壤和板结土壤易得缺氧病。

水生植物如水稻、莲藕等其自身组织结构都有内生"气腔"，能与叶面之间日夜不歇地交换气体，所以不容易产生缺氧问题。但如果在黏性土壤中种植块根类和弱根类农作物，土壤的"缺氧病"就会显现出来，严重影响作物的生长。

---

❶　1亩＝666.67m²。

板结土壤日夜循环的呼吸作用近乎停止，使农作物根系处于"微氧"供应，这也就表现为土壤的缺氧病。

五、重茬症

土地一茬接一茬种植同一种农作物，便使该种作物不能正常生长，称之为"重茬症"。专家们一般解释重茬病的原因有两种：一是某些微量元素稀缺；二是同一类农作物根系腐败留下的毒素积累太多。

上述解释似乎很合理，但以下情况可能推翻上述解释：① 多年生果树、树木，只要管理恰当，几十年甚至上百年都不衰败。② 韭菜和芦笋，一茬种下去多年不断收割，只要多施有机肥，也不衰败。③ 土壤肥沃（有机质含量高）时重茬症很少发生。

这些现象说明，上述重茬症两种原因的解释并没有抓住问题的实质。实质是土壤贫瘠化，微生态体系失常，导致土壤失去了自肥和自我修复机能。

贫瘠化的土地百病丛生，"重茬症"只是其一。

如果制度化地对耕地施用优质有机肥，每亩每茬（或每半年）施用 2t 以上有机肥，某些缺失的微量元素就能从堆肥中得到补充，土壤中的微生物群系不断得到碳源，生物多样性健全良好，绝大多数"积累毒素"（如果有的话）都会被分解，也即土壤实现自我修复，重茬症就不会发生。有人做过大蒜重茬试验，两垄大蒜都重茬，其中施足有机碳肥的大蒜长得相当好，拔出大蒜折断，在十几米外就能闻到蒜香味。而对比垄只施复合肥，大蒜长得纤细萎蔫，毫无生机。

当然，从经济效益和生态效益的角度看，有条件的地方还是应减少重茬。通过轮作和养地休耕等措施，保证土地可持续耕作。

六、线虫病

线虫是土壤生物多样性的一部分，在一般情况下线虫对土壤"适耕性"是有贡献的。但是在下述情况下，线虫表现出了对农作物的危害。

① 线虫类物种中，根棲性线虫成为优势种群且大量繁殖，就会使农作物根系发生大量"根结病"，阻断了根系输送通道而导致农作物坏死。

② 土地板结，土壤中氧气供应不足，厌氧性线虫成为优势种群，

它的活动会产生大量乙酸类有害物质，破坏植物根系的发育。

③ 土壤中碳养分稀缺，植物根系衰弱，对线虫的抵抗能力太差。也就是说碳养分充足（有机质含量高），植物根系发达，植物强大的生命信息能驱避线虫。即使有些线虫进入根系，粗壮的根系不容易被线虫形成的根结所堵塞，农作物还能正常生长发育。这方面已得到了大量实例的证明。

七、土壤酸化

土壤呈较强的酸性，pH 值 4.5 以下，不适宜大多数农作物的种植，就称之为土壤酸化，也是一种土壤的病态。

土壤酸化的原因主要有如下几种：

① 地理位置，附近有强酸性水源，例如"铁锈水"。

② 土地长期没有翻耕，土壤缺氧，厌氧微生物占优势，产酸较多。这种情况在华南香蕉地十分普遍。

③ 施肥所致。长期过量施某些偏酸性化肥，或者施用了没经发酵腐熟的粪便。近年来就出现许多劣质有机肥使土地酸化的案例。

八、盐碱害

按照盐碱地的产生原因，可以分为原生盐碱地和次生盐碱地。

由沿海（湖）滩涂围垦形成的耕地，由于改造不彻底或耕作不当造成返盐返碱，这一类耕地为原生盐碱地。原农耕土地由于耕作不当或自然条件恶化（如缺水）而造成的盐碱化，为次生盐碱地。

耕地土壤含盐分太高，或 pH 值在 8 以上，不适于大多数植物生长，就是盐碱害。

原生盐碱地改造后，没有保持常态的淡水浇灌，或不进行足量有机肥的使用，而长期依靠化肥，是原生盐碱地再现盐碱害的主要原因。

石灰岩地质的耕地，如果长期缺水且不重视常态化使用有机肥，就很容易发生盐碱害。

九、化学农药残留和重金属超标

化学农药的大量使用，尤其是除草剂，是造成土壤农药残留严重的主要原因。但土壤贫瘠化，丧失了自我修复机能，土壤中的残留农药得不到有效分解，也是一个不容忽视的因素。

重金属超标来源于三种途径，一是采用畜禽粪便制造的有机肥。在畜禽饲养中使用的饲料（尤其是添加剂），添加了砷、铜、锌等促进剂。二是化肥。一些不良厂家使用了含重金属（例如镉、铅）的矿源制造化肥。三是工业污水对水源的污染，例如某些含汞、铅、铬的污水。有少量叶面肥厂家不注意，使用了含铅、汞等重金属的管道和容器，都可能出现重金属超标的情况。

十、生土

生土本应归类在第一点"贫瘠病"中，但由于这个问题存在认识上的误区，并在大规模农田整治中普遍存在，故单独拿出来分析。

生土是指耕作层（或表土层）下的原土，由于土地平整或过度深耕被翻到地面充当新的耕作层。

从土壤三大肥力的视角分析，生土由于有机质含量接近零，基本上不存在生物肥力，因而物理肥力也十分微弱。生土中含氮量极低，虽然含有钾、磷和其他微量元素，但基本上都是不溶态。因此生土是极度贫瘠的土壤。在许多地方可以看到生土之地多年寸草不生。

前几年曾出现这样的案例。广西某地为了使甘蔗田实现机械化耕作和收获，把种甘蔗的坡地铲平成规格化平整地，于是生土出来了。当地农民知道生土难以种植，不愿意承包，当地政府就出台优惠政策（包括地租的减免）招商种甘蔗。这就引来了一些外地投资者承包经营，他们参照当地农民的施肥方法施肥，结果甘蔗被种成芒草，有些甚至像大蒜一般高。从而承包经营者损失重大。

这些投资人认识上犯了两个错误：一是认为生土含矿物质丰富，矿物质就是无机养分；二是认为只要有阳光和水，就能种出庄稼。他们不懂三大肥力，更不懂应该怎样造就三大肥力。

以上分析了十种常见的土壤病。归纳分析后会发现，土壤病主要是人类没有充分了解土壤特性，即所谓"无知"造成的。"无知"则主要表现在以下"五不懂"。

① 不懂碳，尤其不懂根部吸收有机碳养分，不懂土壤肥力的维持主要依赖碳能。

② 不懂微生物，不知道土壤微生物是耕地的基础生产力。

③ 不懂阴阳平衡，不懂耕地单施化肥不补充有机质的危害性。

④ 不懂供氧，不知道土壤生态和植物根系发育需要足够的氧气，

不懂土壤供氧的基础是团粒结构，不懂团粒结构的形成和维系依靠碳养分和微生物。简单来说就是不懂土壤的"菌氧效应"。

⑤ 不懂物质循环，不知道土壤肥力和植物养分最重要的成分是有机养分，也即来源于生物质。不懂植物所需的中、微量元素可以通过物质循环来获得。多年不搞农业物质循环，使土壤越耕作越贫瘠。

要修复土壤，要避免出现更多的土壤病，必须深刻记取教训，在索取的同时更要给予——养地。

第六节　有机营养理论的盲区

1840 年德国人李比希发表《化学在农业和植物生理学上的应用》一文，创立了"植物矿物质营养学说"，开启了世界性的化学肥料生产与应用的"化学农业"纪元。

化学肥料一出现，就展现出其巨大的优越性：用量少、肥效快、有标准，适用于几乎各种地域各种农作物。尤其与半原始的有机种植的低效低产状态相比，化肥对农业增产和大面积种植的推动作用是史无前例的。化肥对于养活全球几十亿人口，是功不可没和不可或缺的。

化学植物营养学的经典主流理论概括如下。

① 构成植物营养的主要营养元素分为：大量元素是碳（C）、氢（H）、氧（O）、氮（N）、磷（P）、钾（K），中量元素是钙（Ca）、镁（Mg）、硫（S）、氯（Cl）、硅（Si），微量元素是铁（Fe）、铜（Cu）、锌（Zn）、锰（Mn）、硼（B）、钼（Mo）。

② 碳、氢、氧可以从空气和水中得到，而其他大量元素肥料要由工业化生产的化学合成肥料提供矿物质营养予以补充供给。多年后，又开始强调中微量元素的补给。

③ 有机质改良土壤结构，有机物矿化释放出无机态矿物质（包括 CO_2）养分供植物吸收。

④ 植物营养"最低量法则"，又称"木桶法则"，意即前述十几种植物必需的营养元素就如宽窄不一的木板，围成一个木桶，木桶水面的高度（作物的产量）取决于最短的一块木板。

⑤ 报酬递减规律，即在养分的一定供应数量范围内，随着某一养分供应量的不断增加，作物的产量不断上升。但是每增加一个单位的养分供应量所获得的增产值，却随着养分供应量的增加而逐步减少。

⑥ 化学肥料之间的相容性和拮抗性，即不同肥料混合时，互相之间会产生或不会产生化学反应。会产生化学反应的，可能造成营养成分损耗（养分挥发或转变为不被作物吸收的状态），或者肥料物理性能变坏。

⑦ 不同农作物对各种矿物质营养的"敏感度"不一样，尤其对中微量元素。因此因某种矿物质营养的缺失会造成某些农作物不能正常生长。

在化学植物营养理论的指导下，我国农业五十多年间，农作物单产和总产有了大幅度的提升，以占全球 9％的耕地，养活占世界人口 22％的国民。但也因此付出了巨大的代价：目前的化肥消耗量占全世界的 35％，单以氮肥来说，年产量达到 3300 万吨，这一项就消耗 11000 万吨标准煤；与此同时，我国化肥利用率逐年下降，目前氮肥利用率仅 30％～35％，磷肥利用率仅 10％～20％，钾肥利用率为 35％～50％。还有就是土地贫瘠化日趋严重：我国五十多年化学农业耕作，土壤有机质下降 50％，由 2％～3％变为 1％～1.5％。化肥的有效成分被作物吸收后，留下的非养分盐分或离子在土壤中积累引起土壤酸化或次生盐渍化，这在设施农业中表现更为严重。有些地方由于大量施用化肥导致湖泊富营养化，甚至地下水亦硝酸盐严重超标。再就是农产品品质的劣化，农产品中维生素、蛋白质、纤维素以及钙等矿物质含量下降，口感和风味都比有机种植产品差，甚至导致食物不安全，这将在后续章节中予以分析。

在这种化学植物营养学理论的影响下，目前我国各地农业市、县展开的测土配方施肥还没有把土壤有机质含量作为施肥的量化目标，大家普遍以化肥营养的"平衡"，即木桶板条一样长为目标。这对耕地的治理没有根本上的意义，充其量是使化肥利用率提高一些而已。

包括政府农业管理部门在内，均应认识到耕地有机质指标的重要性。一般认为"作物所需的碳、氢、氧营养可以从空气和水得到解决。"这恰恰就是化学植物营养学致命的缺陷。氢和氧由空气和水是可以解决的，碳就未必，这在前面已有提及。这种缺陷在我国几十年化学农业耕作过程中是逐渐暴露的。因为此前几千年都是实行有机种植，农民要获得起码的收成，就必须千方百计向耕地补充各种各样的农家肥、土杂肥、塘泥、海泥。而农药则基本上都使用植物源农药和各类土制无公害灭虫剂，所以在实行化学农业的初期，土壤有机质含量一般比较丰富，相应的中、微量元素也不缺，化肥单位面积用量比较少，就能见效，上述缺陷并没有显露。即使目前美国、欧洲、澳大利亚和日本等发达国家和地区这个"缺陷"问题也不特别严重，因为这些发达国家较早就重视土壤有机质的补充，采取许多措施确保耕地有机质含量和农产品的质量，措施如下。

① 从政府管理法规上明确规定耕地有机质含量指标。

② 重视并很好贯彻了秸秆还田，普遍使用秸秆腐熟剂。

③ 重视使用腐植酸类物质做土壤改良剂。

④ 休耕、轮作和间种。

⑤ 适度控制单位面积农作物的产出量。

⑥ 重视种植绿肥作物。

⑦ 不使用破坏生物多样性的化学农药。

⑧ 重视水土保持。

⑨ 牧场（或圈养）与农场密切联系，使牲畜排泄物就近被转化肥田。

上述诸多措施都有一个共同目标：培肥地力（主要是有机质含量），不对耕地进行掠夺性使用。正因为这样，化学肥料的使用就没有给发达国家带来严重的耕地退化问题和农产品安全问题。化学植物营养学的片面性也由此被掩盖。

但我国由于实际国情，人多地少，加上改革开放初期土地短期承包制和农村大量青壮劳力进城打工，农民不重视培肥地力，传统的有机肥的制作和使用失去了动机和劳动力保障；与此同时，农村还没有一种机制来进行规模化的有机物质转化工程，有机废弃物到处乱丢乱排，却无法转化为肥料用于耕地。所以近三十年来大部分农田仅施化肥。这就造成了我国耕地有机质含量锐减，土地贫瘠，化肥利用率越来越低。化肥这一肥料体系的"阳刚一族"失去有机营养的阴柔滋润，其狂暴的一面就显露出来，由此就凸显出化学植物营养学说的缺陷。真理是相对性的，一种理论在某阶段或某种条件下是可行的，是正确的，但到了另一个阶段或另一种条件下就不可行，不那么正确的，必须做出修正。

在我国农业领域，学界习惯于接受和跟随发源于西方的理论，而缺少探索和创建自己的自然科学理论的大智大勇，这在植物营养和肥料领域表现得尤为典型。化学植物营养学的片面性和弊端已经暴露得如此尽致，中国近三十多年的农业历程也从另面阐述了"植物有机营养学"，中国最需要"植物有机营养学"。但却还没能产生一套与上述"化学植物营养学"相对应的，得到学界和社会公认的"植物有机营养学"理论体系。

第七节　传统植物营养理论的重大错漏

由李比希在一百七十多年前创立并经后人不断阐释和丰富的化学植物营养学，已成为我国植物营养学和土壤肥料学的主流学说。其作用和贡献是不容置疑的。但如果把它当作植物营养的全部真理，那就不够全面了。下面列举出其存在以下误区。

一、对碳的定位错误

从生物学的角度看，地球就是碳星球，因为构成生物质的基础物质是碳。碳是生命之本，水（氢和氧）是生命之源。

以植物为例，有机质占植物干物质的 70% 左右，而有机质中碳元素占 58%，也即碳约占植物干物质的 40%。而植物营养元素中，仅有碳是植物的能源。植物生长过程中新陈代谢消耗碳，由碳与氧气反应形成二氧化碳排出，释放热能维持植物体生存必需的能量。这些被消耗的碳没有最终存在于物质积累之中，也就是说人们测出植物物质积累中的碳，并不是植物生长过程中吸收的碳的全部。实际上植物必需的碳，远远超过植物全部必需营养元素的 50%。

图 1-7 定性地表达植物各类必需营养元素所占的比例。

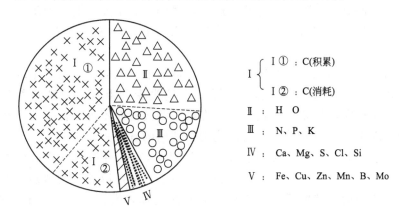

图 1-7　营养元素比例示意

如图 1-7 所示：碳元素在植物必需营养元素总量中占绝大部分。可是在化学植物营养学传统理论中，碳的地位被大大弱化了。传统植物营养学声称以各必需营养元素所占比例，划分为大量元素、中量元素、微量元素三大类，并定格为如表1-1所示。

表1-1 原植物营养元素分类表

类型	元素
大量元素	C,H,O,N,P,K
中量元素	Ca,Mg,S,Cl,Si
微量元素	Fe,Cu,Zn,Mn,B,Mo

如果把表1-1与图1-7对照看，很容易发现这个分类表不科学。既然以占比的比例划分"大""中""微"，那么碳（C）的占比与N、P、K等大量元素明显不在一个数量级上，归在同一个数量序列是不合适的。

根据以上论述，如果一定要整理一个合乎逻辑的"营养元素分类表"的话，就应该把表调整为表1-2所示的分类。

表1-2 植物营养元素分类调整表

基础元素	大量元素	中量元素	微量元素
C	H,O,N,P,K	Ca,Mg,S,Cl,Si	Fe,Cu,Zn,Mn,B,Mo

对碳定位不准确，就导致植物营养理论和肥料理论长期漠视碳。肥料界只生产氮肥、磷肥、钾肥，近年再强调中微量元素肥，但不生产碳肥。即使生产了有机肥，也不知道碳养分，有机肥被制造成"无害化"的土壤改良剂。

由于原营养元素分类表深入人心，再加上"二氧化碳取之不竭"的观点普遍存在，植物碳养分的供给就长期没受到重视，土壤碳养分缺失，大面积农作物患"缺碳病"等现象居然被视而不见。甚至还有观点认为碳理论是标新立异，是对传统肥料理论的冒犯。

但事实胜于雄辩，我国近30多年"化学农业耕作"方式造成的耕地质量问题，农业环境问题和食品健康问题，都可以追溯到植物营养理论和肥料理论对碳的漠视。应该遵守自然规律，端正对"碳"的认识，研究碳，利用碳能，贮碳于土。

对碳的研究注重的是可以成为植物碳营养的碳，即有机肥力的根源，所以有必要将碳的各种形态加以分析比较（表1-3）。

表 1-3　自然界碳的各种形态与植物碳营养

分类		主要物质形态	水溶性	有机肥力
单质碳		金刚石、石墨、木炭、竹炭、秸秆炭	不水溶	无
无机碳		碳酸盐、二氧化碳	极微溶	极微
有机碳	高分子	塑料、煤炭	不水溶	无
	大分子	木头、秸秆、腐殖物质	基本不水溶	极微
	中分子	棕腐酸、粪便类、部分黄腐酸 食品工业有机浓缩液、沼液、垃圾渗滤液	部分或全水溶	有,但有害
	小分子	二氧化碳光合转化物、有机碳肥、部分黄腐酸	易水溶	佳

二、学说的机械性

学说认为植物必需营养由六种大量元素（C、H、O、N、P、K）、四种中量元素（Ca、Mg、S、Cl）和六种微量元素（Fe、Cu、Zn、Mn、B、Mo）组成，对有些作物，还加上 Si 为中量元素，总共是十七种组成。其实植物能吸收并对作物正常生长有作用的元素，至少几十种。而某些特种作物，例如水生植物、一些中草药植物，可能在十七种之外还有另一种或几种元素起重要作用。

机械性规定十七种必需元素自有其意义，方便技术人员和农业从业人员配方用肥，也有利于肥料工业的规模生产及标准化管理。但作为一门学说，机械性规定会引起以偏概全的负面作用，最终导致不少农作物得不到其必需的一些营养，或导致一些营养元素被多用滥用。

肥料平衡作用的"短板"原理（木桶法则）也有其机械性的缺陷。该原理的要点是两处：一是以"木板"的宽窄区分各营养元素的"大""中""微"，即合理的需求量，二是哪块"板"短了，其他板再长，对植物增产也不起作用，植物的产量由短板决定。事实证明：该理论忽略了各元素之间的互相作用，例如碳对氮、磷、钾及其他中微量元素的"横向"联系，也即某些营养元素，例如碳和氧不但自身在植物中发挥了营养作用，它对其他元素的利用率还发生不同程度的影响。但"木桶法则"就没能反映这些问题，从而造成对土壤肥料客观规律和植物营养真面目的误判。

还有，该学说只提到元素对植物的营养作用。这种"作用"的判定最终是靠"测产"和化学分析，即某元素在某作物干物质中所占的比例，以此作为施肥的依据。但学说忽略了植物的"能源物质"，它是维持植物新陈代谢所需的"燃料"，这种"燃料"元素对植物的生存起到至关重要的作用，而在对植物"测产"时却无法测出。也就是说，该学说只能指导人们向农作物施加"营养"，却无法指导补充"能源"。

三、对植物碳营养吸收途径的误判

化学植物营养学最重大的失误是对植物碳营养吸收途径的看法。认为植物是通过叶片气孔吸收二氧化碳，经叶绿素的光合作用转化为碳水化合物（营养积累），不认为植物根部也能直接吸收水溶性有机碳，进行营养积累。这种把二氧化碳气体当作植物唯一碳营养的来源，即碳营养"一通道说"，导致了一系列施肥措施、有机肥和有机-无机复混肥的技术标准和制造工艺的不合理性。

由于上述理论的不完善，导致我国四十多年中耕地有机质含量大幅度下滑，大量耕地板结、沙化和盐渍化。更导致了大量农作物经常处于缺碳的状态。碳是当今植物营养最严重的"短板"。不但造成作物生长不正常，还导致化肥营养利用率越来越低。还有更令人不可思议的是"碳短板"甚至造成豆科植物连自身根瘤"自制"的有机氮都难以利用。这有一个事例作证：2012年初夏在诏安县后港村进行对毛豆的肥效对比试验，发现只用化学肥料做基肥的毛豆，接近成熟时毛豆根瘤还很饱满，而加用有机碳肥做基肥的两组毛豆，同期毛豆的根瘤却成了空壳。后者产量分别提高42.4%和82.8%，这证明缺乏碳营养的毛豆，连自身根瘤固氮的有机氮都大部分不能被利用。这个案例可能对豆科植物施肥技术和增产措施发生颠覆性的影响。

四、对土壤微生物的漠视

化学植物营养学虽然注意到土壤生物肥力的作用，但没有对土壤微生物和土壤生物多样性的培养和保护给予关注。土壤板结的根本原因是微生物含量低。众所周知，微生物繁殖主要的能源是碳和氮，也知道最佳碳氮比是（20～30）：1。可是当耕地有机质含量降到1.5%以下，也即碳含量不足0.9%的情况下，呼吁提高土壤的碳氮比以拯救土壤微生物的呼声很小，却有连篇累牍的报告和论文在那里人云亦云地谴责化肥，说"由于长期使用化肥使土壤板结"。

五、关于植物矿物质营养"离子说"

化学植物营养学漠视了土壤中水溶有机营养对矿物质营养的作用，

把化学肥料中矿物质营养元素如何被植物根部吸收理解为：

营养盐＋水＝正离子＋水＋负离子

于是在水溶液中，正离子被植物根部吸收，把负离子留在了土壤中。这里有如下几个问题值得探讨。

① 当多种化肥一起存在于土壤中时，不同的正离子在植物根端的"进口"不互相排斥吗？如果存在不同正离子互相排斥，而某些正离子和另一些负离子结合形成不水溶的沉淀物，这会不会是化肥利用率低的重要原因呢？

② 在原生态植物生长环境中，矿物质营养是由土壤腐植酸和根系分泌的有机酸分解岩石，使之溶解（吸附、螯合、络合）成有机化合态矿物质营养，以水溶液的形态不断被植物根部吸收，这就是几十亿年来植物的生长史和进化史。这是植物矿物质营养进入植物的正常态，合理态。而当土壤中有机质极其匮乏时，化学肥料所提供的矿物质营养就被"离子化"进入植物内部。这种营养物质供应形态的变化，会给植物带来什么负面作用？

③ 土壤向植物输入矿物质营养过程中，有机质真的不起作用吗？矿物质营养真的就一定是以离子态被吸收吗？矿物质营养有没有形成有机化合态被植物吸收的可能性？

④ 如果承认存在有机化合态矿物质营养，那么对植物来说，有机化合态矿物质营养（化学价为零）与无机离子态矿物质营养相比较，哪个生物有效性更高呢？

⑤ 过多的离子态矿物质营养进入植物内部，必然有一部分不能被有机碳营养"联姻"组成植物细胞，而成了植物胞外液中的带电离子，这会刺激植物代谢产生异变物质。这种异变物质进入人体并长期积累，会不会造成人体新陈代谢异变并形成多种病害？

如何认识已经显现了的化学植物营养学的局限和缺陷，这已不是一个纯学术问题，而是关系到农业整体战略和国计民生的重大问题，不能再漠然置之了。

第八节　有机营养与"阴阳平衡动态图"

我国学界多年来一直有人在呼吁植物有机营养，但由于农业生产中急功近利意识成为主流，使化学植物营养学成为压倒性主流学说，植物有机营养的声音显得微弱和无助。20 世纪 50 年代，孙曦先生提出"植物营养有机-无机"理论，认为植物正常生长发育不但需要矿物质营养，同时需要有机营养。1986 年张夫道在《植物有机营养研究》提出：植物能吸收酰胺态有机氮。2004 年冯建军等应用同位素研究了 C^{14}-寡糖在西瓜幼苗植株体内的吸收、传导和分布行为，结果显示，寡糖通过处理叶部或根部后能够被植株幼苗快速吸收。叶部处理 8h 和根部处理 24h 后，C^{14}-寡糖即可以传导和分布到西瓜幼苗的整个植株内。2007 年李美云等在《植物有机营养肥料研究进展》一文中证实：氨基酸有机氮被植物吸收。

刘存寿教授对植物有机营养作了系统研究。2012 年，他在《有机全营养配方施肥技术研究》一文中指出："基础知识和生产实践也证明了植物能够吸收有机营养。①种子萌发生理告诉我们，种子从萌发到幼苗期内，完全处于自养状态。胚乳中贮存的淀粉、蛋白质水解成可溶性物质——麦芽糖、葡萄糖、氨基酸等，并陆续转运到胚轴供生长需要，由此而启动了一系列复杂的幼苗形态发生过程，最终形成幼苗。②生产中，特别是设施农业中，为了弥补条件不足，帮助作物授粉，促进作物生长，通常利用赤霉素、细胞分裂素、萘乙酸等各种外源激素。③当前使用的农药，大多是人工合成的有机物。植物以分子态吸收激素和农药，也证明植物能够吸收小分子有机物。植物根系分泌物大部分是低分子量有机物，植物根系能够分泌诸多有机物，便能够吸收类似分子量的有机物。"

在研究植物有机营养时，要先了解"有机营养"的涵义。自然界除二氧化碳和碳酸盐以外的含碳化合物都称为有机物。凡是能溶于水，能对植物显示碳营养功能的有机物质就是植物有机营养。

植物有机营养是组成复杂、种类繁多、物质组成随条件改变而改变的有机混合物体系。刘存寿以根系分泌物分子量区间为参照，确定这种水溶物分子量在 300～1500 之间。作者通过应用效果与化验数据相对应的优选法，确定植物有机营养有效物的分子团粒径在几十纳米至 $1\mu m$ 之间。

可以从以下几个方面了解植物有机营养（以下简称有机营养）。

一、有机营养与农作物的关系

农作物的主要成分是有机质，占其干物质的 $60\%～70\%$。这些有机质一部分来源于叶片吸收的二氧化碳（无机物），另一部分来源于根系，由土壤吸收的有机营养，所以有机营养是植物的重要营养源。

有机营养还是确保农作物品质的重要基础。化学农业给人们提供了大量的粮食、蔬菜、水果和其他应由尽有的农副产品，但是粮不香、菜无味、果不甜，已经成了普遍现象。人们一旦吃到有机肥种出来的农产品，都会赞叹"原生态"的风味，感觉真好！因此真材实料的有机食品在超市售出几倍价都供不应求。这就说明有机营养对农作物的品质起决定性的作用。所以缺乏有机营养，不但使农作物口感方面的品质（也即物质积累的成分和比例）差，还导致食品安全方面出现问题。

有机营养中的碳，除了作为植物物质积累的重要成分，同时还是植物维持新陈代谢能量的能源。植物每积累一个碳，就要"燃烧"掉两个碳，所以植物对碳的总需求量是其干物质中碳的 3 倍。这是碳与氮、磷、钾等营养元素不同之处。新陈代谢正常，出现逆境时新陈代谢旺盛，这是农作物健康生长和少病少灾的重要条件。大量研究表明，农作物对病虫害和逆境有一定的防抗机能，这种机能的表达主要有以下几种：①信息素和"气场"，单株植物释放出信息素，一片植物就产生"气场"，驱拒害虫或抑制病害微生物繁殖；②生理结构出现应激转变，在受攻击部位富集抗体物质或修补物质；③提高整体新陈代谢水平，也就是加速"碳"的燃烧，客观上就是加速有机营养的补充。而上述三点都离不开碳元素，也就是有机营养。这就产生了大家都熟悉的现象：有机肥料充足的农作物，病害少，受自然灾害损伤的程度相对轻，出现病害或灾害时救治的代价相对小。所以有机营养又是农作物"强身健体"的"补品"。

二、有机营养与矿物质营养的关系

下面从三个层面来分析有机营养与矿物质营养的关系。

在原生态，植物吸收的营养物质是怎样的形态呢？它所需的有机营养物质来源于表土的腐殖物质的分解物，在微生物作用下会形成有机酸，同时植物根系也分泌有机酸，这些有机酸渗到矿物层，能溶解出各种无机物，其中一部分就是植物所需的矿物质营养。这是原生态矿物质营养唯一的来源。不言而喻，这些矿物质营养是与有机酸以多种形态，组合成新的小分子有机物质，在水的作用下以小分子水溶有机物被植物吸收的，这些无机矿物营养并不是以离子态进入植物体。

上述情况若出现极端情况：一块原生态的地表土被彻底铲除，生土裸露。那么在同样自然条件下，这块生土几年内几乎都寸草不生，不像那些存在表土的土地那样，植物生长茂盛。此种现象说明没有有机质的土地，其矿物质是不能形成无机营养供植物吸收的。

在人类农耕历史的几千年中，凡是注重给土地补充农家肥的地区，例如我国的大部分农业区，农业文明都得以延续，这就是农业的有机种植时期。但普遍而言，这种有机种植形式的农作物产量都比较低，这是由于土壤中矿物质营养释放极慢，农作物只能低产。在人类进入化学农耕的初期，工业生产的高浓度矿物质营养肥料出现了，这就是化肥。我国二十世纪五六十年代就处于这个时期。当时只要向地里施用少量化肥（每亩几千克），农作物就长得相当好。这是因为这一时期耕地土壤中的有机质含量丰富，有足够的有机酸来组合化肥释放的无机离子，形成新的小分子水溶有机物，很容易被作物吸收。这是我国农业短暂的平衡发展期：农业增产、土壤肥沃、生态良好、食品健康。

二十世纪七八十年代后，大部分农业区片面只施化肥的现象出现了，90年代后，随着农村劳动力大量流入城市，农村传统的养殖业和蓄肥造肥（农家肥）业消失了。土地失去了有机质的补充，土壤中的有机水溶物被无机离子消耗光了，这就是对土壤的掠夺性使用。所以再施化肥，无机营养的离子大部分只能以离子态而不是有机小分子态，由水流带入植物内部。但植物体是生命体，不是什么都收的大仓库，它只把合乎细胞组织元素比例的有机-无机态小分子物质吸收进细胞组织，多余的无机离子被拒之门外，留在胞外液中。胞外液中无机离子浓度逐渐升高，对外界（土壤中）无机离子的进入的排斥性就逐渐加强，所以化肥利用率不断下降。现在大部分农业区，每茬农作物每亩使用高浓度化肥已经达到几十千克，有些甚至用到二百多千克。这就出现了农作物增产率随化肥用量的增加而递减的现象。

从以上三个层面分析中可以得出结论：植物所需营养最高效、最科学的组配是有机和无机合理结合。没有足够无机养分的供给，农作物不能高产；没有足够有机养分的供给，化肥利用率就低，不但不能高产，还会造成土壤生态一系列恶性循环，摧毁农业发展的基础。

据此，提出造肥施肥"阴阳平衡"的原则。这种"阴阳平衡"原则用化学植物营养学的"木桶法则"是解释不了的，因为正如前述，碳元素占植物所需全部营养元素的50％以上，如果硬要把"碳板"拼入木桶，那么只能以失败告终：当一块木板的宽度超过其他另外所有木板宽度的总和时，这只木桶还箍得成吗？但如果借用阴阳太极图的原理，就可以包含进"阴阳平衡"和"木桶法则"的内容了，只不过在这种阴阳太极图中，是把植物所需营养元素分为以下三大类。

第一类：阴面即有机碳养分。

第二类：阳面即矿物质营养，这些无机元素之间基本遵循"木桶法则"。

第三类：氢和氧即水，是阴阳太极图中的 S 线，没有它，阴阳不能结合。

由这三类物质组成"土壤肥力阴阳平衡动态图"，见图 1-8 所示。

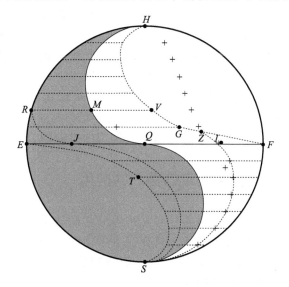

图 1-8　土壤肥力阴阳平衡动态图

土壤肥力阴阳平衡动态图的基本要素：

① 水平方向阴区和阳区弦段等长，表示有机营养与无机营养平衡；而总有效弦段的长度又用来表示产量。

② 阴阳平衡图 EF 线段，是水平方向弦最大处（即直径），表示农作物收获最大。从 EF 往上，阴阳比例逐渐变小，阴阳失衡逐渐加大，有效弦段逐渐变短，即越是阴衰阳盛，农作物收获越小。

从 EF 往下，阴阳比例逐渐变大，有效弦段亦复逐渐变短，即越是阴盛阳衰，农作物收获越小。

同等化肥施用量，只有阴阳平衡，农作物收获才能足够大。

③ EF 线以上位置，按"阴阳"比例和谐原则，阴面水平线段与阳面水平线段等长，农作物收获区就在 H-R-E-Q-F-G-V-H 范围内，阴对阳形成制约。称之为阴制阳理论区。因此在此区外的"纯阳区"H-V-G-Z-F-H 内，矿物质养分是无效的，这可解释贫瘠土地化肥利用率为什么低。

④ EF 线下位置，按"阴阳"比例和谐原则，也是阴面水平线段与阳面水平线段等长，农作物收获区在 S-F-L-Q-J-E-T-S 范围内，阳对阴形成制约，称之为阳制阴理论区。因此在此区外的"纯阴区"S-T-E-S 内，有机碳养分（对农作物）是不起作用的，这可解释有机种植盲目排斥化肥为什么农作物低产。

⑤ 以上③、④都是以矿物质养分无"短板"的假设为基础的。如果出现"短板"，按"木桶法则"，木桶装的水到短板顶线为止，也即化学肥力打了折扣。假设打了 6 折，这就出现了 Z-L-S 折扣线。阳区的 H-V-G-Z-L-S 线和阴区的 S-J-R-H 线，两条线所包围的面积才是阴、阳肥力有效区。可以据此分析农作物收获情况。

⑥ 阳区纯阳面内数个"＋"点表明：在阴衰到十分严重时，所需与之平衡的矿物质养分不多，所以即使化肥肥力打了 6 折，其"短板"的限制作用尚未表达，这种情况起限制作用的是缺阴。

三、"土壤肥力阴阳平衡动态图"的应用

① 图 1-8 表明，植物碳养分与无机养分之间的平衡是主平衡，而矿物质养分之间的平衡是次平衡。只有在主平衡的基础上，次平衡才有意义。可见，忽视土壤碳养分的"测土配方施肥"不能实现阴阳平衡施肥，起不到科学指导施肥的作用。

② 图 1-8 中阴区的碳养分，是土壤有机质、土壤生物链、施入的有机类肥料和光合作用产物等共同作用的结果，也可以说是几条复杂的函数线的综合线，且受土壤物理性状、pH 值、含水率及外界气候等多因素的影响，大概需要"云计算"才能快速确定。但有机碳养分的存在形式——小分子水溶有机碳（以有效碳 AOC 表示）却可以简单地化验出来。它与碳养分主要来源——光合转化而来的碳水化合物存在某种函数关系。所以 AOC 概括体现了上述诸多因素的综合作用。也即用 AOC 值作为阴的代表进行运算即可。当有机碳养分、矿物质养分、水分等因素都平衡丰足时，某种农作物单产达到的理论最高产为 W_0，用有机碳肥理论和"阴阳平衡动态图"可以测算出：在有机碳养分跌到某值时即使化肥用量不变，该农作物产量不可能达到 W_0，且产量是可预测的，其单产为：

$$W = W_0 \times 2RM/EF$$

式中，W_0 为理论最高产值。

RM 为阴阳平衡动态图中"阴区"某线段长度，由土壤样品化验的

AOC 值并与 *EF* 对应的 AOC 值按比例推算。而当矿物质养分"缺素"，出现某短板时，农作物的产量只能在 *H-G-Z-L-S-J-R-H* 区内推算。

这样就推演出农作物施肥的数学模型。

③ 只要施肥不出现"纯阳区"，就能确保矿物质养分全部转化为有机态被组装进植物有效组织，也即没有离子态的矿物质养分游离于胞外液中，这就是有机食品的真相。科学意义上的"有机食品"，就是"阴阳平衡动态图" *EF* 线之下方全部区域对应的农产品。盲目排斥化肥的纯有机种植是没有科学依据的。

所以利用阴阳平衡动态图加上先进的传感技术和计算机技术，就可以量化预测农场农作物产量和最佳施肥方案，为科学的信息化农业管理提供理论支撑。

四、有机营养与农业生态的关系

在化学植物营养学中，对土壤肥力描述为，土壤肥力由物理肥力、化学肥力和生物肥力构成，但在各种肥力的描述中，碳（即有机营养的核心）未被列入化学肥力中，这是一个关键缺失。既然有机营养是植物营养的重要来源，它就应被列入"化学肥力大范畴"（即化学元素）中。把有机营养列入植物营养后，就发现它不但壮大了化学肥力，还提高了土壤的物理肥力和生物肥力，起到牵动全局的作用。有机营养是土壤肥力的重要组成部分。这里的"有机营养"指的是小分子水溶有机化合物。这一点很重要，因为达到这种状态，这种有机营养及其矿物质营养配位物质才能被植物所吸收，肥料的生物有效性才会大增。

这种形态的有机营养不经二氧化碳这一转折而直接被植物吸收，在土壤碳循环中走了捷径，节省了植物营养积累的能量消耗，同时减排了温室气体。因此应用更多的有机营养，在获得更多的农产品的同时，还能相应减排大量温室气体。

另外，如前所述：有机营养能使植物更健壮，更少病害，也就少用化学农药，有利于生物多样性和农业环境良性循环。有机营养提高了化学肥料的利用率，化肥流失问题会减轻，有利于避免水体富营养化。丰富的有机营养使化肥对土壤的负面影响大大减轻，从而预防土壤板结、沙化和盐渍化的发生。因此施用有机营养是培肥地力，使土地永续耕作的最重要措施。

综上所述，植物有机营养是农作物正常发育生长的重要营养源、农作物健康的重要保障，也是矿物质营养高效利用的"伴侣"。植物有机营养的应用还有利于农业环境的良性循环和土地永续耕作，是构建高效生态农业大厦的基石。如果说以氮、磷、钾为代表的矿物质营养是肥料之父，那么以碳为核心的有机营养就是肥料之母。从这个角度看，一百多年历史的化学植物营养学确实应该修正了。长期的化学农业耕作，使土壤肥料阴阳失衡，阳盛阴衰，既不符合植物原生态营养供给的原理，又不符合农业可持续发展的规律。加强有机营养，就是打造土壤肥料的阴极，使阴阳和谐，刚柔相济，走有机营养和矿物质营养并重、协同和相融合之路，才是科学的全面的植物营养学，才能管好农业和肥料工业。

第九节　寻觅"理想之肥"

所有农业从业者都盼望得到自己的"理想之肥"。根据此前大量论述和生产实践的需求，给"理想之肥"列出以下几条标准。

① 有机营养和矿物质营养兼容；
② 有机和各无机营养元素含量比例恰当；
③ 发挥农用微生物的作用；
④ 因地制宜充分利用当地资源以降低用肥成本；
⑤ 适合土地条件、输送条件和种植形态条件；
⑥ 速效长效兼顾、减少施肥次数；
⑦ 有利于农业生态良性循环。

按照以上条件衡量，就能对目前的常用肥料品种做出评判，论其短长，以减少用肥的失误或盲目性。

一、纯化肥

纯化肥（包括单元素肥和复合肥）是营养浓度高，速效性强的肥料。这是肥料大家庭中"阳刚一族"，长期偏施化肥，就会产生前述的"化学农业综合征"，对土地、农作物、农业环境都产生负面作用。这个肥种单独使用利用率越来越低已是不争的事实。化肥利用率低造成肥料资源极大浪费，使我国面临严峻的资源问题。与我国巨额消耗量相比，我国的磷肥资源和钾肥资源是缺乏的。我国是世界上最大的钾肥进口国，我国对磷肥的出口已经下了禁令。这一切都对纯化肥施肥技术敲响了警钟。

二、纯有机肥

纯有机肥是低营养浓度的肥，其主要成分是有机质，水溶性差。有机肥自身含有 3%～5% 氮、磷、钾，也含有一些微量元素，所以纯有机肥并不纯。此肥种绝大部分是有机质，还有稀少的矿物质营养。为什么说是"有机质"而不说是"有机营养"呢？因为现阶段流行的有机肥制造工艺生产出来的有机肥，其有机质中的碳在加工过程中大部分变成二氧化碳而被排掉，其所含水溶性有机质仅有 1%～2%，其余有机质须经土壤微生物长时间分解才逐渐释放出来。国家对有机肥制定的标准只提到"有机质含量"，还未涉及水溶有机质。也就是说不能对普通有机肥的有机肥力估计过高。如果不使用化肥，每亩农作物每茬施用普通有机肥要达到 1～2t，才能保证作物正常的收获量。这对种植"有机食品"作物的农田，可能办得到，而对绝大部分农田来说，这个施用量是难以达到的。有机肥还有另一个问题，按照国家行业标准检测，符合指标的有机肥不一定是好肥。这与化肥有极大的区别，化肥按国家标准或产品标签指示标准检测，哪个营养元素测出多少就是多少肥力，可是有机肥的主要技术标准"有机质含量"，这种有机质却不一定是其肥力的标准，因为其是否"腐熟"，可水溶有机质含量如何，都无法从检测公式中区别出来。这就给不法之徒和不负责任的企业以可乘之机，把未经合格发酵的垃圾和粪便，或泥炭土、风化煤，拿来混些化肥就当有机肥卖。近二十多年来，耕地受劣质有机肥破坏的情况，并不亚于化肥，施用劣质有机肥而使农作物绝收的事件时有发生。这一点却是化肥所罕见的。

三、有机-无机复混肥

有机-无机复混肥，从理论上讲，这是比纯化肥和纯有机肥更理想的肥种。其所含化肥营养的利用率比纯化肥高，国家规定有机-无机复混肥的现行标准是 GB 18877—2009，其技术指标是：

总养分（$N+P_2O_5+K_2O$）$\geqslant 15\%$

有机质的质量分数$\geqslant 20\%$

水分的质量分数$\leqslant 10\%$

粒度（1～4.75mm 或 3.35～5.6mm）$\geqslant 70\%$

现实中出现以下几种问题。

① 用户心目中，总以为矿物质总养分（$N+P_2O_5+K_2O$）越高越好，企业也就投其所好，把总养分做到 25％甚至 30％。但问题来了，总养分越高，原料化肥占的比例就越大，使原料有机肥的比例就越少。比例少了，"有机质"指标又达不到，怎么办？就用"有机质"含量高的煤炭粉充有机肥。但是，煤炭粉是毫无有机肥力的，这与纯 25％或纯 30％养分的化肥（重量却少了几成）有多大区别？这是农民朋友们在"高营养"含量有机-无机复混肥上遇到的误区。

② 对于造粒问题，农民习惯化肥、复合肥造粒，好像不造粒的肥料就不是好肥。国家标准也规定造粒，而且明确是"球状"或"柱状"。这个标准造成了三个问题。一是原料化肥要先粉碎再与粉状有机肥混合，经造粒机造粒。如果是"球状"粒，则成粒水分要达到 50％左右，要把 50％水分降到 10％，必须经高温烘干。这就使肥料中有机水溶物质炭化失去生物有效性。二是加工成本高，增加农民负担。掺混后造粒比简单掺混，每吨产品增加 150～200 元加工成本。三是球状造粒中使用了黏结剂，柱状造粒使用强压力，这两种造粒都使肥料颗粒在干旱季节和少雨地区长时间不能崩解，化肥营养释放不出来，在农作物需肥阶段不能同步供肥，造成农作物歉收。这种现象已多次发生。故合理的有机-无机复混肥应该是粒状化肥与粉状有机肥混合，则上述三个问题都不存在。实际上农民也可以自己混配，或请附近有机肥厂帮忙混配。这样既可以降低成本，又可获得肥效更高的有机-无机复混肥。同时也呼吁国家主管部门修改有关标准，为企业制造"颗粒化肥＋粉状有机肥"的有机-无机复混肥开绿灯。

四、农民自制有机肥

农民自制有机肥。在小农经济耕作中，农民习惯收集当地农业有机废弃物、动物粪便、圈肥等混合堆沤，制造所谓"农家肥"。这种肥料有如下特点：堆沤时间长（一般 2 个月左右），发酵温度和水分难掌握，所以常有杂菌甚至害虫存在。但这种肥料与同等干物质的劣质有机肥比较，水溶有机营养含量却更高，因此它在使用中显示良好的有机速效性。在规模农业中，从业者因为买不到合适的有机肥，或者为了降低肥料成本，自己购买大量鸡粪或猪羊粪，再买些发酵剂进行堆肥。这种堆肥更接近有机肥，只是对含水率没有什么要求，节省了干燥和正规包装等生产成本，相对比购买有机肥便宜。农民自制的有机肥存在不少问题，主要有以下几方面。

① 发酵条件不规范。不讲究碳氮比、含水率和温度调节，有的发酵温度一直低于55℃，有的发酵温度高于70℃，前者造成腐熟不透，有害微生物还大量存活，后者则造成大量有机水溶物质分解成二氧化碳和氨气排掉，肥效不高。

② 消耗农场大量劳动力，同时还造成作业区内又脏又乱，蚊蝇成群，杂菌滋生，这对防控农作物病虫害十分不利。

③ 出现用肥风险。尤其那种未充分发酵的粪肥大量施入土壤，有机质在土壤中继续分解与作物根部争氧，造成农作物缺氧死亡。

五、秸秆还田

农作物秸秆含有丰富有机质，秸秆还田是废弃物利用和向土壤补充有机质的重要措施。但是要知道，未经任何措施直接把秸秆翻耕入土，秸秆中的各种有机组织需长达一两年才能分解为有机营养，而这个过程中又在土壤中与农作物的根系争氧，因此是不科学的做法。正确的做法如下。

（1）过腹还田　即用秸秆饲喂牛、羊、鹿等动物，收集其粪便经适当处理后以有机肥的形式施于耕地。

（2）秸秆生物反应堆技术　由山东张世明先生发明的秸秆生物反应堆技术，以秸秆和食草类动物粪便等为原料，掺以一些营养剂和发酵剂，建堆几小时后，置于耕地下部堆置的"反应堆"内，配合多项辅助措施形成一个巨大的"二氧化碳发生器"，将这些二氧化碳利用于大棚种植，局部增加二氧化碳浓度，这就形成气体碳肥。而"反应堆"中的残留物是有机肥，可以再利用做农作物的基肥。其理论和实践也证明：尽管空气中二氧化碳取之不尽，但适合农作物正常需求的二氧化碳浓度是不足的，农作物还是经常处于"碳饥饿"，大棚种植中这种情况更为严重。

（3）施腐熟剂还田　收刈过程中将秸秆破碎并施以腐熟菌液，然后翻耕入土，在土地休闲两三个月后进行新的播种，这些秸秆就都基本被分解成有机肥料。我国目前在推广的秸秆腐熟剂品种很多，生物腐植酸粉（BFA）适应性强，效果好，是较受肯定的一种。

六、叶面喷施肥

叶面喷施肥的初创之意是因为多种微量元素土壤中已无足够浓度供

吸收，由土壤施用又存在利用率低、施用成本高、效果慢等问题，所以就利用叶片能吸收水溶物的原理，制作微量元素盐水溶液喷施，给植物快速补充微量元素。最初用水作溶剂，后来用矿物黄腐酸和其他腐植酸盐的水溶液作溶剂，还有用氨基酸作溶剂，近年又发展到用海藻提取物（多糖类）的水溶液做溶剂，以及其他表面活性剂如乙二胺四乙酸（EDTA）做溶剂，还发展到把大量元素（氮、磷、钾）也溶于溶剂做叶面喷施肥。生物腐植酸是这些"待补"肥料元素的良好溶剂，其本身又含有丰富的水溶有机营养，所以生物腐植酸系列叶面喷施肥在众多叶面喷施肥中脱颖而出，成了该行业中一颗闪亮的新星。

叶面喷施肥也存在一哄而上和使用者的盲目依赖的现象，就产生了以下问题。

（1）化学激素的滥用　用户的心理盲目追求"速效"，希望今天喷明后天就见效，似乎见效越快就越是好产品。为了迎合这种心理，抢占市场，有些商家在叶面喷施肥中添加化学激素。这就导致一些农作物光长个不好吃，光长叶没实质。特别是某些茶产区深受其害，产品名声一跌千丈，不得不由当地政府下达行政命令禁止茶区使用一切叶面肥。这还仅仅是表面现象，滥用化学激素对人体的不良作用，也在部分人群尤其是儿童和妇女中显现出来，造成了人民群众对食品安全的担忧。

（2）对农作物尤其是果树造成伤害　合理地使用不含化学激素的叶面肥，总体是有利于农作物的，但叶面肥的滥用就会祸及农作物。例如果树，每棵树的生物量与其当年产出（果实）量之间有一个正常合理的比例关系，在合理的水肥条件下，每年遵循这种关系规律可以得到合理的收获和果树的健康生长。但当人们用某些叶面肥拼命"保果"而获得过量收成时，果树便因超负荷而损伤树势。连续几年下来果树便陷入严重的亚健康状态，使其生育树龄大打折扣，早衰和各种疾病缠身，这是在我国大量果园发生的悲剧。

（3）不善于利用叶面肥帮助农作物抵御自然灾害　某些含水溶有机营养的叶面喷施肥适时应用可以使农作物抵御冻害和干旱，但农户极少了解和应用这一功能，只一味地把叶面肥当作增产工具。现在各地都有精准的天气预报，可以在霜冻或冻雨到来之前对某些露天农作物喷施生物腐植酸类叶面肥，可以大大降低冻害造成的损失。

（4）不善于利用有机溶剂型叶面肥对农药的增效减残作用　以水溶有机营养为基质的叶面喷施肥，大多可与农药混合喷施，既可节省劳动力，还可以使农药向环保型转化，不但增强了灭杀靶生物的功效，还可以降低农作物的药物残留。可惜大多数用户需要进一步认识和利用这一功能。

七、微生物肥料

微生物肥料大体可分为三大类。

（1）生物有机肥　是指特定功能微生物与主要以动植物残体（如畜禽粪便、农作物秸秆等）为来源并经无害化处理，腐熟的有机物料混合而成的一类兼具微生物肥料和有机肥效应的肥料。目前国内执行 NY 884—2012 标准，其主要技术指标是：

有效活菌数≥0.2亿个/g

有机质（干基）≥25%

水分≤30%（粉剂）或15%（颗粒）

（2）复合微生物肥料　它的定义是指特定微生物与营养物质复合而成，能提供、保持或改善植物营养，提高农产品产量或改善农产品质量的活体微生物制品。目前国内执行 NY 798—2015 标准，其主要技术指标是：

有效活菌数≥0.5亿个/mL（液体）、0.2亿个/g（粉剂或颗粒）

总养分（$N+P_2O_5+K_2O$）≥4%（液体）、6%（粉剂或颗粒）

水分≤35%（粉剂）、20%（颗粒）

（3）农用微生物菌剂　它的定义是目标微生物（有效菌）经过工业化生产扩繁后加工制成的活菌制剂。它具有直接或间接改良土壤、恢复地力、维持根际微生物区系平衡、降解有毒有害物质等作用。应用于农业生产，通过其中所含微生物的生命活动，增加植物养分的供应或促进植物生长，改善农产品品质及农业生态环境。它又细分为"农用微生物菌剂"和"有机物料腐熟剂"两种。

目前国内执行 GB 20287—2006 标准，农用微生物菌剂的主要技术指标是：

有效活菌数≥2亿个/mL（液体）、2亿个/g（粉剂）、1亿个/g（颗粒）

水分≤35%（粉剂）、20%（颗粒）

有机物料腐熟剂的主要技术指标是：

有效活菌数≥1亿个/mL（液体）、0.5亿个/g（粉剂或颗粒）

水分≤35%（粉剂）、20%（颗粒）

微生物肥料对几十年来化学农业所产生的负面影响的扼制作用是巨大的，它使人们看到了农业环境改善和恢复的希望。凡是正确使用微生物肥料，就能显示出巨大的作用，取得农作物增收、农产品质量提高和土壤改良等一系列效果，农业微生物显示出巨大的威力和发展前景。

据的田间应用试验：用同样的有机肥作主料，每亩用200kg生物有机肥的增产率是200kg有机肥增产率的2～4倍（不同类作物差异较大）。这反映出在有机肥"做底肥"的情况下，农业微生物的强大威力。农业微生物本身提高了土壤的生物肥力和物理肥力，又借了有机肥的"势"，在提高自身繁殖速度的同时，使有机肥分解出更多的水溶有机营养，两者相辅相成，表现出远大于纯有机肥或纯微生物肥的增产效果，实现了1+1＞2的非线性增长。

在应用微生物肥料时，应该注意以下问题。

① 微生物作用的发挥需要一定的条件：水分、环境温度、土壤酸碱度、氧气含量和必需的营养物质（主要是碳和氮）。不同种微生物对以上条件的适应性有所不同，但原理是一致的。所以有时使用某种微生物肥料效果不理想，首先要在这些方面找找原因。

② 特定微生物在特定环境有显效，反过来说，在非特定环境可能没有显效。例如固氮菌、解磷菌、解钾菌等，施到这种土壤（作物）中效果很好，施到另一种土壤（作物）中就显不出效果。

③ 微生物肥料中微生物活性有效期问题。库存太久或贮运条件出了问题，都会使肥料中活体微生物量下降，当降到很低水平后，这种肥料施入土壤不能形成本族群微生物的局部优势，也就失去了"微生物肥料"的作用了。在合适的条件下，大多微生物的活性保存期约6个月，有的可达到一年，但绝不像化肥和有机肥那样耐保存，这是用户必须注意的。

④ 近年来农业领域"微生物热"持续升温，但有些厂家在自身根本没有生产和检测条件的情况下以有机肥混些麦麸就充当"生物有机肥""生物肥料"，其实质是拿有机肥卖高价。用户在产生怀疑时，可以要求厂家取其销售品封存，交有资质的农用微生物检测机构检测。

⑤ 保护和培育土著微生物才是"正课"。其实最廉价、最长效的农用"微生物"是土壤中的土著微生物。在土壤有机质含量达到丰富的程度，例如5%以上，每克土壤就含有百万级甚至千万级个体的土壤微生物，这等于每亩施入5t农用微生物菌剂。5t菌剂按一般市场价最少5万元。这只是经济价值，更重要的是土著微生物有如下诸多优势：一是生物多样性，种群众多，互补互助，组成阵容强大、"兵种"丰富的地下微生物军团，形成土壤微生物肥力的主力军；二是生命力强，适应当地气候、地质和其他环境条件。只要做好水土保持和培肥地力，注重轮

作，不使用毁灭土壤微生物的农药，这个"军团"就会在土壤里繁衍发展，生生不息；三是形成抑制土传病害的常备机制，这是农业增收和减用农药的根本性条件。实践证明："客籍"农用微生物在贫瘠土地和存在土传病害的土地上作用十分显著，但用于"富菌"土地，则作用有限。因为丰富的土著微生物已在土壤中发挥着强大的"生物肥力"，与其相比，每亩几千克至几十千克"客籍"微生物的作用微乎其微。所以丰富的土著微生物是耕地的无价之宝。保护和培育土著微生物，是农耕文明的发展之道。在推进农业现代化的工作中，应该做足做好土著微生物的保护和培育。

八、粪坑、化粪池、沼气池液

　　农村粪坑肥和化粪池、沼气池的排出液，这一类液体肥是农村有机肥的重要来源。这类肥间断、少量地施用，有较好的肥效，其最大的优点是除有机营养外，还有丰富的矿物质营养。而这些矿物质营养是在有机营养的融合下被吸收的。因此凡是施用过这种肥料的农产品口感好、有风味，透出有机食品的特色。随着规模化养殖，局部地区这种排出液量很大，再将这类粪肥排到附近农田，就造成农作物大面积死亡，原因是因为在化粪池和沼气池中，发酵是在厌氧状态下进行的，排出的液体是高度缺氧的，这些液体夹带着大量厌氧菌所不能分解的有机物（例如醛类）和其他分解不完全的大分子有机物，粪液中还有大量好氧菌的芽孢，进入土壤中便大量耗氧繁殖并分解有机质，从而与植物根系争氧，造成植物根部缺氧而导致植物死亡。还有些农户用这种粪水排入鱼塘"养鱼"，初期效果不错，但排入量大了，就引起"反塘"造成巨大损失。农村的粪坑肥情况略有不同，其施用不存在"争氧"问题，但却存在较严重的病菌污染和臭气，不利于商品化耕作。因此同自制堆肥一样，上述粪液沼液的利用就是一把双刃剑，处理得当，就是成本低廉、效果明显的有机营养肥。

九、各类缓控释化肥

　　多年来肥料专家们在化肥缓控释方面进行大量研究，先后开发出多种缓释、控释型化肥。这类肥料使化肥快释、流失等问题得到不同程度的改善，使化肥养分释放量尽量与目标作物生长各阶段动态需肥量接近，从而较好地提高化肥的利用率。缓控释化肥的控释材料及结构也是多种多样，主要采用"包膜"方式，即在化肥颗粒外表包一层控释膜，包膜材料有腐植酸、树脂，也有化肥，即用某种化肥把易挥发的氮肥包在里面。缓控释化肥有通用肥，也有某种作物专用肥。缓控释化肥追求的目标除了提高肥料利用率外，还有就是可以一次性施肥。即某种农作物在施基肥时一次性解决一茬所需全部营养，不再追肥。所以缓控释肥比起纯化肥，有明显的技术进步。但缓控释肥加工成本比较高，虽推广多年，至今还不能成为被普遍应用的肥种。

十、"大三元"肥

技术层面的"大三元"是指肥料三要素俱全：即有机营养、无机营养、农用微生物。真正做到三要素都达到高浓度的肥效，并非易事。这里主要的技术难点在有机营养用料上。现在出现的"大三元"类的肥料，"有机"料的使用有两种误区：一是使用普通有机肥料，其有机营养含量不足 1%，其余都是不溶于水的腐殖物质，其所含有机营养成分远远低于与肥料中无机营养阴阳平衡所需的比例，这种肥料的肥力就与"大三元"的技术含义相去甚远。二是用矿物黄腐酸、腐植酸钾或有机废液浓缩液的喷雾干燥粉充当"有机"料。从水溶有机质的含量看，这几种料都是高含量的。但可惜其水溶物都是微米级大中分子，施到土壤中会造成土壤缺氧和根系吸收孔堵塞等问题，也就是施用不当会危及农作物。

所以"大三元"肥质量差异很大，关键就是"有机"一元，是否使用了高浓度的、安全的小分子水溶有机质？目前市场上真正符合这个条件的，有一种叫"金三极"的产品，其小分子有机碳含量高，AOC 达到 6%，与含 25%（$N+P_2O_5+K_2O$）相匹配，而高浓度的有机碳物质又较好地保护了微生物不直接接触高浓度化肥，使微生物达到 2 亿个/g。这才是真正达到肥料"大三元"的技术要求。

这种肥料有三大优势：一是营养成分全面而阴阳平衡，加上微生物，可以取代化肥、有机肥和微生物肥；二是高浓度、高肥力，每茬农作物仅用 $60\sim100kg$；三是改良土壤，克服单施化肥造成的土壤问题，是高效的绿色环保肥料。

十一、液态全营养冲施肥

目前市场上出现的冲施肥，基本上都没有黄（棕）色，也即纯粹是水溶性好的化肥配制的，尽管配制中把无机营养元素"木桶"箍得很完美，但有时容易因小失大，破坏了"阴阳平衡"。如果农作物施足了优质有机肥做基肥，那么使用纯化肥的冲施肥倒还可以，肥效会比较高，农作物产量和品质都比较好。但如果没有施足有机肥，则要达到农作物优质高产是不可能的。

所以冲施肥要力求"全营养"，即有机与无机合理组合。但一般有机肥和腐植酸不溶于水，难与化肥共同水溶。其他大中分子有机水溶物又有风险。建议农户自己组配，即购买水溶化肥的同时，也购买质量可靠的液态有机碳类产品，这类产品必然标示"有效碳（AOC）"的含量，按照如下公式配制：

$$AOC \div (N + P_2O_5 + K_2O) = 0.25$$

由要施用的 $(N + P_2O_5 + K_2O)$ 量算出 AOC 量，再把 AOC 量除以该产品标示的有效碳含有率（%），就得到应该使用的液态有机碳的量。两种肥料一同加入水中，可配制出全营养液体肥料，用于冲施和滴灌。

这里要提醒农户注意，存在冲施肥制造商往化肥里加激素现象，以造成高肥效的假象。如果是这种冲施肥，请不要加液态有机碳，否则容易出问题。

十二、植物工厂的水培营养液

笔者近期曾应邀在一个设施农业论坛上作学术报告，与会的有几十位植物工厂的代表。报告中笔者向代表们提问："在座的植物工厂的代表们，请问你们有向营养液中加入有机营养吗？有的请举手！"没人举手！我说："那么你们的植物工厂都还在搞化学农业栽培？你们生产的蔬菜必然是好看不好吃！"没人争辩！为了解决水培营养液缺有机营养的问题，笔者技术团队进行了技术攻关。发现之所以长久以来"有机"进不了水培，除了水溶性问题，还有一个缺氧问题。

原来水培和土培，植物根际的"菌氧效应"是相反的。在土壤中，微生物的大量繁殖使土壤疏松，空气中的氧气得以进入土壤，所以土培的微生物有利于根系获得氧气。而在水溶液中，微生物的大量繁殖耗掉溶解氧，而空气中的氧气进入水液的阻力很大，难以补充液体中的溶解氧，这就使得根系缺氧。在传统的纯化肥培养液中，由于没有碳营养，微生物不能获得碳能，几乎不能繁殖，所以只要使培养液循环起来，液流冲击的增氧量足以补充根系的需氧量，就较少出现缺氧现象。但若不适当地加入碳营养，液体中的微生物便很快繁殖起来消耗溶解氧，这就使根系缺氧。

因此植物工厂的营养液加入有机营养必须注意两个关键问题：一是加入的有机营养必须是水可溶的小分子，以保证不堵塞根毛吸收孔；二是掌握加入浓度，使培养液中微生物繁殖程度控制在较低水平之下，以保证循环液流的冲击所增加的含氧量足够补充液体中溶解氧的消耗。对此可通过对培养液中的溶解氧含量的检测，来调节液态有机碳的加入浓度。

只要处理好以上关键问题，水培种植便可以实现有机营养进入，使根系更加发达，光合作用效率更高，物质积累更丰富，农产品不但干净好看，还高产好吃。

十三、特殊新肥种

除了上面列举的十二类肥料外，还有一些特殊的新品种，如包括本书后续要介绍的"液态有机碳肥"和其他碳菌结合的"超级有机肥"等。

那么什么是"理想之肥"呢？这里要引用一句俗话，就是"萝卜白菜，各有所爱"，要根据土壤、农作物、水源，还有农户对投资成本的预算等因素，以及用肥的目的，是做基肥，还是追肥，是促根还是保果等，还有农业设施条件和规模、劳动力因素等，最后才能判定在什么条件下，用哪种肥最合理、最高效、最"理想"。在此要再次提醒：本节开头提出的七条标准，是选择"理想之肥"的重要参考。更新理念，因地制宜，培肥地力，改善生态，科学用肥，才能用好肥，获得好收成。在具体用肥方法上，提出以下方案供用户参考：

基肥 —选择方案→
- 农用微生物菌剂+有机肥+复合肥
- 有机肥+复合化肥（包括缓控释化肥）
- 生物有机肥+复合化肥（抑制土传病害、板结土壤）
- "大三元"肥
- "超级有机肥"+复合化肥（抑制土传病害、劳力短缺）
- 秸秆添加腐熟剂+化肥（翻耕入土）
- 自制农家肥+化肥

追肥 —选择方案→
- 化肥
- 液态碳肥
- 液态全营养肥
- 经二次发酵的沼液、化粪池液
- 农家粪坑肥

叶面喷施则应根据作物的物候期和特定农艺目标而选用市售不含激素的叶面喷施肥。植物生长调节剂（激素）在某些作物的特定物候期适当应用，必须严格按产品使用说明做。

在讨论施肥这个课题时，这里还要记住：施肥的功能不仅仅是给农作物提供养分，促使庄稼生长收获，还有另一个功能就是养地，使土壤保持足够的有机质含量，保持适量无机营养成分。养地也就是"养兵"，养土壤中微生物群系的"千军万马"，以保持土壤旺盛的生产力和生命力。

第二章

生物腐植酸与
有机碳肥原理

第一节　生物腐植酸概述

生物腐植酸是一大类以生物质为原料经生物的或化学的，或者生物加化学的，或者物理加化学的工艺过程而形成的制品。这是一种以黄腐酸（FA）为主要成分，而又包含诸如氨基酸、维生素、糖类和肌醇等物质的混合物。

生物腐植酸技术起源于我国，发端于农民的实践，而后引起大量专家学者的重视，在 20 世纪末形成了一股研发热潮。由于无先例可循，而且各地原材料又存在差异，加上参与研发各项技术的带头人学术背景和经验的多样化，生物腐植酸技术从一开始就"八仙过海，各显神通"，产生了多种技术流派。生物腐植酸产品的名称也因此五花八门，除叫生物腐植酸外，也有叫生化腐植酸、生化黄腐酸、生物黄腐酸等。2007 年 11 月中国腐植酸工业协会（北京）年会上，提出了"统一称为生物腐植酸"的倡议。之后在该协会的文件上就沿用"生物腐植酸"的称谓，但各生产企业多数还习惯按原来各自的名称标示自己的产品。

生物腐植酸之所以能在十几年间由一点星火而快速在我国广大地区形成探索开发和仿制的热潮，主要是由于其在农业领域中的优异表现，以及其原材料资源的丰富性。

1. 生物腐植酸在农业领域的作用

生物腐植酸在农业领域的作用主要表现在以下几个方面。

（1）对农作物生长的促进作用　生物腐植酸产品在农作物上主要被用作叶面喷施，一般分为"大量元素叶面喷施肥"和"中微量元素叶面喷施肥"。利用黄腐酸类物质中大量活性官能团对肥料元素的络合和螯合功能，及其水溶液在作物组织中良好的扩散输送功能，达到肥料元素对农作物的高效作用。大量应用效果显示：由于生物腐植酸中的黄腐酸类物质水溶性和抗硬水性能优于矿物腐植酸，因此生物腐植酸叶面肥在应用中的效果和应用范围都优于矿物腐植酸叶面肥。根据使用实例统计，叶菜类作物喷施 1 次，每亩 200～300mL（兑水600～1000 倍），可增产 6%～8%，水果类作物每亩喷施 2 次共400mL，可增产 10% 左右，且果实外观亮丽，大小更匀称，口感更为香甜。

由于生物腐植酸肥料中的黄腐酸含量的测定方法至今还未能取得学术界的统一认识，且这个问题短时间内还难以解决，所以在农业部肥料检测中心申请登记时，这类叶面喷施肥被归在"有机水溶肥料"一类。现在这类肥料还没有统一的国标或行业标准，而是每个生产企业使用各自的企业标准。

（2）改良土壤及由此而产生的连环效应　生物腐植酸粉剂产品富含功能菌，液剂产品一般不含功能菌。但这两种产品施入土壤，都有良好的改良土壤的作用。土壤的改良源于两种因素：一种是物理-化学的因素；另一种是生物的因素。物理-化学因素即直接改善土壤的团粒结构，提升土壤物理肥力，这是腐植酸类物质的强项，而生物腐植酸表现更为快速高效；生物因素则是生物腐植酸独有的优势，带功能菌的产品直接向土壤补充了大量活性菌，生物腐植酸的水溶有机营养能快速改变土壤的碳氮比，使土壤微生物大量繁殖而使土壤结构疏松，涵水透气性得到改善。因此凡是施用生物腐植酸制品，土壤改良的效果都十分显著。这就出现了农田的一系列连环效应：生物多样性好转了，农田小生态改善了，农作物根部发达了，肥料利用率提高了，土壤的土传病害发病率下降甚至不发生了，农作物病害减少了，农作物抗逆机能提高了，农产品产量和质量都提高了。

根据田间应用的实践，每亩土地每茬施用精制的生物腐植酸产品10kg，农作物增产15%～30%，其中块茎类或生长期较长的瓜豆、茄类增产量最为可观，有的增产超过30%。而在遭受自然灾害（旱、涝、冻等）的情况下，同比增产往往超过50%。

（3）用作秸秆腐熟剂和有机肥发酵剂　具体应用实例在《生物腐植酸与生态农业》和《生物腐植酸肥料生产与应用》中都有所涉及，在本书的后续章节中还将予以补充。这里要特别提到的是作为一种独特的有机肥发酵剂，BFA（生物腐植酸粉）开创了一种免翻堆、免烘干的低成本、高肥效的有机肥制造工艺。这种工艺使有机肥厂设备投资减少2/3，单位产品能耗减少3/4，同样原材料制成的有机肥黄腐酸含量提高1倍，有机肥力提高50%以上。

（4）在有机废弃物资源化利用中的作用　除了秸秆腐熟和有机肥发酵以外，还有大量有机废弃物，例如沼气池沼液、化粪池液以及食品工业、制药工业和造纸工业的有机废渣废水，都可利用BFA发酵技术或其他生化活化技术，进行无害化处理，成为农用腐植酸液，进而生产高肥效绿色环保肥料。这些有机废弃物的资源化利用，还为多种重污染项目的环保工作开辟了新思路、新前景。

（5）在盐碱地改造和沙化土地修复方面的作用 生物腐植酸肥料是盐碱地改造和沙化土地修复的理想材料，配套其他工程措施，可以收到投资少、见效快的效果。由于生物腐植酸肥料可以因地制宜，就近利用多种原材料大批量生产，工艺简单，投资少，耗能低，为我国大面积盐碱地和沙化土地的改造、修复创造了可能性。

（6）在水产养殖中的独特作用 水产养殖普遍进入规模化和密集化阶段。伴随着单位面积的高产而来的是养殖的高风险，因此"以防为主、科学管水"成了避免养殖风险的主旋律。生物腐植酸产品所特有的生物种群及黄腐酸物质在这套"主旋律"中成了重要的"音符"。在多年实践中我国有关企业研发推广了一系列生物腐植酸水产养殖水质改良剂、底质改良剂和改性鱼药，成了养殖户改善养殖水体小生态，预防水质变坏，降低养殖风险的重要工具。

（7）对农药的增效减残作用 以许恩光先生为代表的学者，在生物腐植酸与某些农药混配从而使农药增效减残等方面做了大量研究，并取得了突破性的进展，对农药生产企业产品升级和更新换代有很好的启示作用。

（8）在零排放生物发酵床养猪方面的应用 利用生物发酵床养猪可以达到无臭气零排污，而且猪的抗病力强，肉质更好。这种模式已经在我国各地推广十多年，规模逐渐扩大。关键技术之一是生物发酵床的发酵剂。目前各地使用的发酵剂品种不一。实践证明 BFA 是猪场生物发酵床的一种优良的发酵剂。这里要提到的是，使用 1 年以后的旧垫料，再发酵进行无害化处理，就是质量极优的有机肥。如刘波先生（福建省农业科学院院长）所说："今后的养猪场就是花园式肥料厂，这种工厂生产腐植酸肥料，顺便带走猪肉吃吃。"

（9）做饲料添加剂 生物腐植酸粉剂富含功能菌，其主要成分水溶性腐植酸还具备促进消化吸收，促进动物肠道微生物繁殖的功能。因此是性能极佳的动物饲料添加剂，可广泛应用于猪、鸡、鸭、鹅等动物。应用效果主要表现为：动物新陈代谢旺盛，饲料利用率提高，病害少、粪便不臭、肉质提升。另外液体生物腐植酸可融合有机钙，成为补钙型饲料添加剂。

除了农业（包括养殖业）领域和环保方面外，还有些学者利用水溶性腐植酸促进微循环和修补创伤的特效功能，将生物腐植酸应用于医药和美容方面，并取得了不少研究成果。生物腐植酸在这些领域的产业化发展也是值得期待的。

2. 生物腐植酸技术的各种流派

生物腐植酸技术在我国已有二十年历程。经过二十年发展，我国生物腐植酸产业出现了许多技术流派，这一点与矿物腐植酸产业截然不同。我国矿物腐植酸发展过程是以国家主导为开端，以科研机构为技术支撑的，它的技术模式和生产工艺在很长时间内是比较统一和规范的，产品品种及目标市场也都相对稳定。但生物腐植酸技术则不同，它虽然得到各级政府和科技部门的支持，但都是由民营企业甚至个体单位为承载体，所以它的技术源头和工艺路线就有极大的不确定性，以做出产品并被市场认可为前提。另一方面，各生产企业的生产工艺还被原材料的多样性所左右，例如秸秆木屑类、动物粪便类、工厂废弃物类、有机废水类，还有草炭类等等。当然还有项目技术带头人的学术背景、经验和专长等，也影响生产企业的工艺取向。

目前，我国生物腐植酸加工工艺涉及微生物工程、化学工程和生物化学、物理化学等多边沿学科，概括起来大致分为以下技术流派。

（1）以秸秆或木屑为原料，通过固体发酵，然后经碱液浸泡、酸中和，生产生物腐植酸液，再混配化肥（或微量元素）成喷施肥。具体工艺过程如图 2-1 和图 2-2 所示。

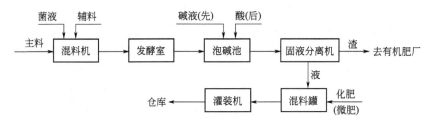

图 2-1　生物腐植酸固体发酵叶面肥生产工艺（a）

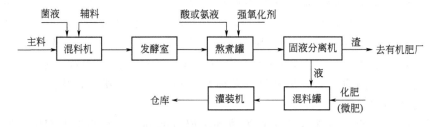

图 2-2　生物腐植酸固体发酵叶面肥生产工艺（b）

（2）以粪便残渣为原料经液体发酵生产生物腐植酸液体肥，如图 2-3所示。

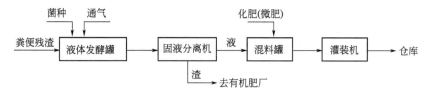

图 2-3　生物腐植酸液体发酵液体肥生产工艺

（3）以有机废水经浓缩、活化，生产生物腐植酸液体肥，如图 2-4所示。

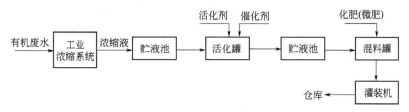

图 2-4　浓缩有机废液转化生物腐植酸液体肥生产工艺

从商业角度看，有机废水中干物质含量应大于 8%，才有浓缩价值。浓缩后的制品中有害元素和重金属含量，应低于国家关于液体肥标准的有关规定，才可以加工成液体肥料。

（4）以秸秆、木屑或甘蔗渣为原料，通过固体发酵，干燥粉碎，生产生物腐植酸粉（BFA）。其工艺过程如图 2-5 所示。

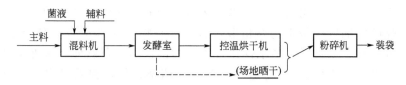

图 2-5　BFA 粉剂生产工艺流程

制得的生物腐植酸粉（BFA），可根据市场需求进一步复配而产生一系列产品，详见图 2-6。

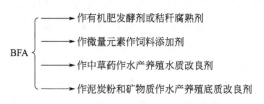

图 2-6　由 BFA 复配后开发产品示意

（5）近年来笔者使用"冲击波氨化"工艺，成功地使浓缩液有机废液转化为生物活性特别高的含氮生物腐植酸液体肥料,工艺更简单,加工成本更低。

以上介绍的是目前我国生物腐植酸行业的主要技术流派。它们有以下共同的特点。

① 工艺简单、投资少、加工成本低。

② 使工农业生产的有机废弃物转化为腐植酸类产品,用于农业、养殖业,这是对化学农业的修正。这种转化还实现了污染物的零排放,对环保事业有重大贡献。

③ 加工附加值高。由于富含水溶性腐植酸,有的还含功能菌,这类产品的使用价值相当于有机肥的10~20倍。

至于要判断哪种工艺路线更优,则很难从表面做出判断,必须深入了解对比。大体可从以下几方面入手。

① 工艺的合理性,以最少的投资、最少的能耗获得高质量的产品。

② 对有机废弃物最高的升值。

③ 生产加工过程中二次污染最低。

④ 有效物质活性高、浓度高。这类产品有效物质的主要目标就是水溶性腐植酸(黄腐酸),有的品种如 BFA 粉还要加上功能菌含量。水溶性腐植酸分子团粒径越小,活性越高,这可以通过精密的“DLS 粒径检测仪”检测,也可以通过对同种植物的应用结果对比。

多年来一些人用酒精、酵母、味精等废液浓缩液或者这种浓缩液喷雾干燥的粉剂冒称是生物腐植酸,其实这类物质充其量是棕腐酸范畴,因为其来源于生物质,亲水性比较强,被误认为是黄腐酸。这类制品用于土壤多次(或量大),会造成土壤气孔堵塞,作物根系发黑。这是变相扩散污染。

以生物质(一般是废弃物)为原料,利用生物、化学、生物加化学、物理加化学的工艺制取的水溶有机物,本来就是一种混合物,不是也不可能是纯黄腐酸,所以有一些人不同意将这种制品叫做“生物腐植酸”“生化黄腐酸”。这也是至今生物腐植酸中黄腐酸的测定公式(以碳为计算基数)不被政府管理部门承认的原因之一,其理由就是含碳的物质不一定都是黄腐酸。争论归争论,并没有阻止更多的人热心投入生物腐植酸产业,生物腐植酸产业对高效生态农业的作用,以及对环保事业的特殊作用,日益显现出来。学界需要争论,因为争论中就可能会找出新办法,推动生物腐植酸技术(包括检测技术)的进步。总有一天会产生大家普遍接受的标准。

3. 生物腐植酸理论的缺失

由于历史的机缘，生物腐植酸这个新生儿一开始就被中国科学院化学研究所认养了，该所的科学家们把这种新生"物种"的血缘同矿物黄腐酸比对到一块，这就形成了生化黄腐酸（生物腐植酸）的名称。但这也造成了一个问题：研究者们习惯于把矿物腐植酸的理论和研究方法套用到生物腐植酸中，甚至连工艺方法也仿照矿物腐植酸。其结果是生物腐植酸的主流品种——生物腐植酸液，被导向作为化肥和微肥的"陪衬"。因为有化学专家说，"腐植酸不是肥料"。一个重要的问题被忽略了：生物腐植酸在不混配化肥和微肥的情况下，施于土壤中也有神奇的肥效。

这不是人们一时的疏忽，而是理论的相对缺失。正是由于这一缺失，生物腐植酸主流品种在叶面喷施肥的路上转悠了二十年。每亩作物每茬使用生物腐植酸喷施肥料 $200\sim500$ mL，这和每亩每茬用化肥近百千克，或者有机肥几百千克比，用量非常少，这与生物腐植酸本身的大气和巨大肥料潜能相比，是非常不相称的。

当然这种理论缺失不仅仅是矿物腐植酸专家们对生物腐植酸认识的不足，还有更深层次的原因，就是我们全套照搬西方化学植物营养理论已有五十多年，这在学术上影响了四五代人。这种理论体系认为农作物所需碳营养是由 CO_2 经光合作用转化来的。即使是有机肥和腐植酸液，它们的肥料作用也是通过有机质分解为 CO_2 时被叶片气孔吸收转化来的。由于这种碳营养"一通道说"，生物腐植酸中的水溶有机碳被忽略了，它只能作为"一种腐植酸"，用来螯合、络合化肥或微量元素肥，为他人作嫁衣。

由于理论缺失，生物腐植酸产品的标准就没能很好抓住核心和要点，一些企业几乎都一厢情愿地用"黄腐酸"含量做主要技术指标，而黄腐酸的测定公式又备受质疑而不能自圆其说，因为这套公式是矿物黄腐酸（一种相对纯的黄腐酸）的计算公式。所以各生产企业不得不遵循管理部门的规范，使用"有机水溶肥料"这一产品类名进军市场，原先奉为金字招牌的"黄腐酸"被忽视。这就是生物腐植酸企业目前的窘境！

生物腐植酸产业要做大，就必须解决理论缺失、标准与品名"文不对题"的问题。

生物腐植酸专家们应了一句话："不识庐山真面目，只缘身在此山中。"二十多年来，人们对生物腐植酸只认识和开发了它的矿物腐植酸功能，实际上生物腐植酸的功能丰富得多，详见图 2-7。

生物腐植酸 { 矿物腐植酸功能：对矿物质营养的吸附、络合、螯合
碳功能：内含水溶物中有机碳占50%以上，有机碳营养功能
生物功能：对微生物的培育，有些品种自身就含有益菌

图 2-7　生物腐植酸功能分解示意图

在所有关于生物腐植酸的论著中，以及在产品开发应用中，矿物腐植酸的功能是所有人关注的热点；它的生物功能只有少数人在关注和开发，例如生物腐植酸发酵剂，水产养殖水质改良剂等；而它的碳功能，这个生物腐植酸最核心的功能，却因植物碳营养"一通道说"而被搁置了二十多年！

第二节　生物腐植酸的"双核"

本书第一章指出了生物腐植酸是一种有机混合物，其主体物质是类黄腐酸，因此决定了这种物质具备矿物黄腐酸的基本特性。深入研究发现，生物腐植酸的水溶性，及其水溶液的渗透性和扩散性比矿物黄腐酸更强，而种子试验和农作物应用试验进一步证明，生物腐植酸具有更高的生物活性。图 2-8 和图 2-9 是科研过程两组对比试验情况。

图 2-8　废液腐植酸和腐植酸钠在豌豆种子浸种效果的对比

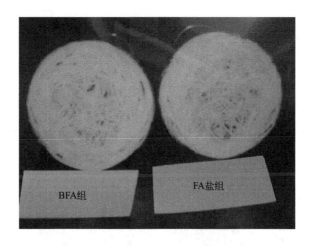

图 2-9　BFA 与 FA 盐在玉米浸种根部的对比

　　通过化学分析表明：不论用什么工艺方法制取的生物腐植酸，其植物营养物质的主要成分是水溶有机碳，其他成分如氮、磷、钾和其他植物营养元素的总和都远不及碳。但这种水溶有机碳并不是单质碳，它存在于黄腐酸、氨基酸、维生素、葡萄糖甚至萜和其他有机物质之中，没有碳，就不存在这些物质。当这些物质的混合物中碳的含量达到一定比例（浓度）时，这些物质对农作物和土壤微生物的作用就达到显著水平。从这个意义上说，可以用水溶有机碳来标志生物腐植酸的肥力及其应用效果。前人为什么认为腐植酸本身不是肥料？因为土壤中的腐殖质和矿物腐植酸（胡敏酸）不溶于水，不能被植物根部直接吸收。但是生物腐植酸是水可溶的，并且在水中有极好的扩散性和渗透性，它可被植物的根部直接吸收。因此，生物腐植酸就是肥料，而水溶有机碳（DOC）就是生物腐植酸的“核”。

　　有些工艺方法加工制造的生物腐植酸富含功能菌，这不但使生物腐植酸制品可以作为有机肥发酵剂和秸秆腐熟剂，还可以成为肥效更加显著的“超级有机肥”，其肥效相当于普通有机肥的 20 倍以上。这是因为生物腐植酸中的功能菌（B）和水溶有机碳（DOC）的合成作用。笔者技术团队在 2011 年 10～12 月间进行了一次青叶白菜的小区试验，出现了十分奇特的现象，见图 2-10～图 2-12 和表 2-1。其中，CK 为常规管理（对照），A 为增施枯草芽孢杆菌（含菌量 200 亿个/g）8.35kg/亩，B 为增施天佳农用腐植酸菌剂（含菌量 2 亿个/g，含黄腐酸 14%），C 为增施生化腐植酸（含黄腐酸 14%）。

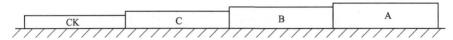

图 2-10　青叶白菜试验第 12d 长势示意

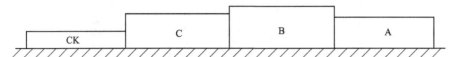

图 2-11　青叶白菜试验第 20d 长势示意

图 2-12　青叶白菜试验第 20d 各小区彩照

表 2-1　青叶白菜试验收获量比较

项目	小区产量/kg			小区平均产量/kg	折合亩产量/kg	与 CK 比亩增/kg	与 CK 比增产率/%
	平行 1	平行 2	平行 3				
A 处理	21.5	21.5	22.0	21.67	3618.9	223.8	6.6
B 处理	24.5	25.0	25.5	25.00	4175.0	779.9	23.0
C 处理	20.0	20.0	22.5	22.50	3757.5	362.4	10.6
CK	19.5	20.5	21.0	20.33	3395.1	—	—

应用结果为：B＞C＞A＞CK（见表 2-1）。

从这组试验可以看到，功能微生物在作物增产中有一定的作用，但它一旦与 FA 结合，合成物的作用将远远超过单独使用微生物或单独使用 FA。功能微生物的加入，直接利用 FA 中的水溶有机碳作碳源，繁殖力迅速提升，使土壤疏松并促进植物根系的生长，反过来促进了植物对水溶有机碳和其他植物营养元素的吸收利用，使土壤物理肥力、化学肥力和生物肥力都得到提升并互相促进。所以 B 和 C 相加，形成 1+1>2 的效果，从这个意义上说，功能微生物（B）是生物腐植酸的另一个"核"，这更是矿物腐植酸所不具备的。

由于生物腐植酸的"双核"及其协同效应，使生物腐植酸具备了矿物腐植酸所不能比拟的直接肥料功效。因此没有理由遵循矿物腐植酸理论来进行生物腐植酸的研究和生产应用，也没有理由将生物腐植酸仅仅作为其他化学肥料营养的增效剂和添加剂。B 和 C 双核足以为生物腐植酸构建起一个新的庞大的肥料体系。

第三节　植物碳营养二通道

众所周知，植物通过吸收二氧化碳经阳光驱动叶绿素加工转化，变成碳水化合物（小分子糖类），形成植物的有机质积累。在教科书中把植物碳营养这一来源说成是唯一的碳源，其根据是"空气中二氧化碳取之不尽"。当这种"一通道说"成为主流学说后，植物碳营养另一来源——根吸通道被忽视了。

但是大量事实证实了另一通道的存在。

人们常吃的美食韭黄，就是在没有光的暗室中生长的。没有光就意味着没有二氧化碳的光合转化，可是韭黄的主要成分仍然是含碳量极高的有机质。这些碳显然是由根部从土壤中吸收的。秋后芦笋被拔除了地面上的母枝，完全失去了光合作用能力，可是只要土壤比较肥沃（有机质含量高），春天必然长出青葱的枝芽，它重新萌发所需的有机营养，都来自根吸通道（图 2-13）。

笔者的技术团队做了一个试验：往植物水培液中加入适量的液态有机碳肥，尽管因为叶片蒸发了水分使培养液浓度有所上升，但七天后培养液的含碳量却下降了 50%，这说明小分子有机碳可以被植物根部吸收。

在我国农业界多年来也陆续出现一些植物根吸有机营养的声音，如20 世纪 90 年代孙曦先生就提出植物根部能吸收有机养分的观点。多年前刘存寿先生进一步提出"有机配位态矿物质养分的生物有效性高于无

图 2-13　韭黄与韭菜

机离子态"，廖宗文先生、朱昌雄先生也都在各自的论著中支持了植物根系吸收有机营养的观点。

那么植物有机营养究竟是什么样的物质呢？首先它必须是可水溶的小分子，是以碳为母体（或框架）的有机物质，而且必须具有"变形虫"特征的云团状分子结构，在本书中称之为"小分子水溶有机碳"，其含碳量称为"有效碳"，英文简写为"AOC"。

所熟悉的植物光合作用产物（小分子糖）也可以理解为"小分子水溶有机碳"，在农资市场大量出现的含碳小分子肥料，如氨基酸、海藻酸、多肽等概念的肥料，广义上都属于有机碳类肥料，只不过其各自强调了其所含的特殊物质而已。

土壤中的有机质与植物有机碳营养有何区别呢？土壤有机质是形成土壤肥力的基本物质，它涵养水气、容纳无机养分、培养微生物，形成土壤抗逆缓冲机能，为植物的生长提供基础条件。但有机质不等于有机碳营养，有机质中小分子水溶物毕竟是微量的，缓慢释放出来的，只能把有机质视为碳库，其真正的有机碳养分的即时值是微量的。这与土壤温度、含水量和微生物群系等因素都有关系。经大量试验分析，发现植物有机碳营养物质在水溶液中的分子粒径稳定在几十至几百纳米之间，称之为"准纳米级"，这也成为以后制定和检测有机碳肥的主要指标。

"准纳米级"的团聚体如何进入孔径 7nm 的根毛吸收孔呢？这得益于它"云团状"的易变形结构。当植物叶片水汽蒸腾对根毛吸收孔外的物质形成吸力时，这些微型"变形虫"就随水流入吸收孔内，经由毛细管到达植物各部位。这种吸收原理可称之为"云吸收"。图 2-14 是有机

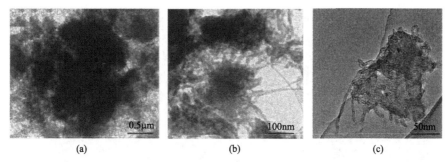

(a)   (b)   (c)

图 2-14　有机碳肥在水溶液中的 SWNTS 透射电镜

碳肥在水溶液中的 SWNTS 透射电镜图。

　　植物碳营养两条通道之间不是相互独立和隔离的，它是一个系统的两台驱动器，见图 2-15 所示。

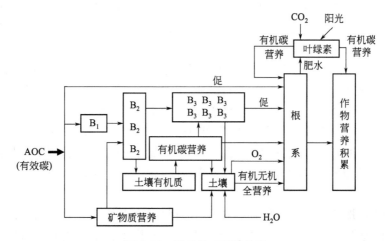

图 2-15　碳营养二通道关系

　　图 2-15 中以 AOC（有效碳）代表有机碳营养，施到土壤中直接作用于以下三部分。

　　一部分被土壤微生物（B）直接吸收，使微生物大量繁殖。大量微生物会对土壤有机质加速分解，产生更多有机碳营养供给更多微生物的扩繁。这就在刺激根系发育的同时，造成土壤疏松，使土壤涵水通气机能改善。另一部分有机碳养分使土壤中无机养分大多以有机化合态被吸收，化肥利用率得到明显提升。第三部分是由于 AOC 的进入，促进根系快速生长，根部对植物叶片的水肥供给增强了，叶片宽厚，叶绿素丰富，植物光合作用效率大大提高。见图 2-16 所示。

　　图 2-16 是同一块地上的同一种作物（青花菜），图 2-16（a）只施

(a)　　　　　　　　　　　　　　(b)

图 2-16　阳光下青花菜

复合肥，图 2-16(b) 比图 2-16(a) 每亩多施 3kg 液态有机碳肥（干物质 1.5kg）。在午间阳光下，两边作物呈现十分明显的差异，(a) 作物叶片萎蔫，叶色发暗，(b) 作物叶片展开，叶色青翠，明显表现出很高的光合作用效率。收获后统计，地面生物量(b) 比(a) 每亩增产 980kg，折合干物质 210kg。两侧差距这么大，可是唯一的区别是(b) 每亩多施 3kg 液态有机碳（干物质 1.5kg）。这说明：形成植物有机质积累的碳源主要来自 CO_2 的光合转化，即所谓第一通道；没有几千克液态有机碳，就不可能增产 980kg，增产主要来自第一通道，可是第一通道效率的提高有赖于第二通道。也就是说，CO_2 光合转化是碳营养的主通道，而根系吸收的碳营养通道起到四两拨千斤的作用。

以上分析仅仅是从植物物质积累的角度来看的。如果从植物对碳的消耗角度来看，这个第二通道更有不寻常的作用。植物夜间没有能量补充，可又必须维持自身生存所需的能量，只能以消耗白天碳（营养）积累来维持：

$$\boxed{}\!-\!C + O_2 \xrightarrow{\text{（放热）}} \boxed{} + CO_2\!\uparrow$$

有机碳

如果土壤中有足量的有机碳养分被根系吸收，而这种吸收是不必耗能的，那么在夜间植物体内的能量转换所需的有机碳，就可以直接利用吸收进去的有机碳营养，而无须消耗白天的碳积累了。植物得到土壤供应的有机碳养分越多，其生命活动对叶片光合转化的碳水化合物的依赖就越少，使植物有更强的抗逆机能，还能获得更多的营养积累，从而在增加产量的同时，也提高了质量。

第四节　碳营养是土壤肥力的核心物质

土壤肥力是一个复杂的概念，不是氮、磷、钾那么简单。出于理解方便，人们常常把土壤肥力分成三种不同概念（的肥力）或简称"三种肥力"，即物理肥力、化学肥力和生物肥力。

物理肥力指土壤物理成分及各种物理成分的比例，土壤的水、气、热，土壤团粒结构状况等。在特殊情况下，电磁场对土壤肥力也有影响。

化学肥力指土壤中植物各种必需营养元素的含量及其有效性。

生物肥力指土壤中以微生物为基础的生物群系的丰富程度及各种群的组合状况，也包括植物活的根系。

三种肥力的适当丰富和协调，组成土壤复杂的肥力体系，推动土壤中营养成分的转化和能量的传递，维系土壤的生命力，促进农作物的生长发育。

仔细分析又能发现，土壤三种肥力都离不开碳。正是由于碳营养，物理肥力尤其是团粒结构和水、气、热的协调才得以形成，各化学元素才得以"有机"化而提高其利用率，微生物才能获得碳能而繁殖，从而推动土壤生物链的运转。因此碳（营养）就是土壤三种肥力形成的参与者，碳营养就是土壤肥力的核心物质，这种复杂的关系请见图1-3。

由此可知，一旦土壤中碳营养稀缺，三种肥力就成无本之木，无源之水，我国大面积耕地有机质含量跌到2%以下，华北和中原许多旱地有机质含量甚至跌破1%，导致农作物低产和百病丛生的现象时有发生。

如何使土壤获得碳营养呢？在此仅提出碳营养的诸多赋存形式：有机肥料，来源广泛但AOC含量低，用量大；各种高AOC含量的有机碳肥；还有正确而有效的秸秆还田等措施。

第五节　碳营养是无机营养的组合者

在前面已提到无机营养与碳营养不可分割的关系。这里再从植物对无机养分"吸收"和"利用"两个环节探讨这种关系。

无机营养是怎么被吸收的呢？传统理论表明：是以离子态随水流进入植物根系吸收孔的。这种说法有其片面性。

植物无机营养溶于水，确实是以离子态形式存在。但纵观全部植物无机营养，绝大部分是正离子：NH_4^+、K^+、Ca^{2+}、Mg^{2+}、Fe^{2+}、Cu^{2+}、Zn^{2+}、Mn^{2+}……也有少量是负离子：PO_4^{3-}、SO_4^{2-}、SiO_3^{2-}。至于硼和钼都是负离子酸根且是微量的。多种正离子在根系吸收孔进入之际，会互相排斥，这就形成竞争吸收。另外，酸根负离子又会与某些正离子反应形成水不溶物，例如磷酸钙、硅酸铁等，更不能被吸收。所以植物工厂配制无机营养液时，都是小心翼翼的。一些元素之间是不能同一批液投放的。可在土壤中，有很多人们不知道和无法控制的因素，上述两种妨碍无机营养被根系吸收的情况是普遍存在的，这些现象在偏施化肥的贫瘠土壤中尤为严重。

在原生态，无机营养较稀缺。而在肥沃的土壤中或施用有机碳肥后，有机碳营养较丰富。这些情况都会形成有机碳分子对无机营养离子的"组合"。这种"组合"是多种形态的：吸附态、螯合态、络合态、离子交换态、桥键结合态等。但不管以什么形态存在，许多有机碳分子大量的内表面，就把各种无机营养正离子和负离子分别"包夹"起来了。上述同极性离子互相排斥，不同极性离子互相反应形成水不溶物的现象基本消除了，无机营养被根系吸收率大大提高了。

图 2-17 和图 2-18 形象化地说明了无机营养被吸收的两种情况。

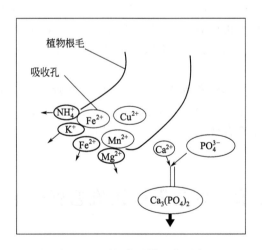

图 2-17　无机离子被吸收示意

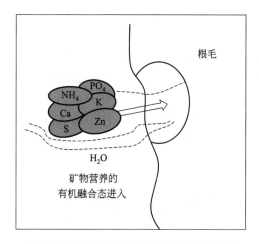

图 2-18　有机碳组合无机离子被吸收示意

　　化学植物营养学有了一个著名的"木桶法则"，也即是"短板决定论"。其实，还存在"长板妨碍论"，即当某一种无机营养过多，会抑制另外某一种甚至数种无机营养被吸收。而碳营养再超多，也不会妨碍任何一种无机营养被吸收。

　　以上这层意思可概括称为"有机融合优势"论。

　　各种被吸收的植物营养元素，包括根系吸收的和叶片吸收（CO_2）光合转化的营养元素，进入植物体后，如何被利用形成植物细胞组织呢？是不是被吸收多的就利用得多？是不是离子态被利用呢？情况并不是这样。植物各种营养元素在植物体内经过极其复杂的生物化学反应过程，非常严格地根据既定规则按照一定比例，遵循设定结构形成植物组织。这里似乎存在一个严格受物种 DNA 控制的"生物筛"，对进入植物体内的一切物质进行严格的检测筛选并按规则排列组合，将其吸收转化成以碳为主体的植物体器官的新组织，统称有机物质，实际上就是以碳框架按既定比例组装其他各种必需元素。

　　从以上分析可以得出结论：无机营养元素即使是离子态进入植物体内，也不是以离子态通过"生物筛"，而是在通过"生物筛"过程中同碳元素组装成有机分子，被组合进植物新的细胞和组织。这种"组装"是按既定比例进行的。那些"按既定比例"之外多余的无机离子就积存在植物胞外液中，且浓度不断升高，这必然对后续进入植物体的同类元素营养物质产生排斥作用。因此当无机营养元素不平衡时，当有机碳营养稀缺时，化肥利用率就特别低。这层意思可简称为"生物筛组装"论。

几十年来在分析处理化肥利用率低的问题时，普遍在化肥结构上做文章，研制复合肥、包膜肥、缓控释肥、冲施（少量多餐）肥，这些措施当然对化肥被利用率的提高有作用。但不了解"有机碳-无机"按比例的植物营养吸收利用规律，不懂碳营养是无机养分的组合者，不在"阴阳平衡"方面下工夫，就是捡了芝麻丢了西瓜。为什么多年来我国化肥平均利用率一直停滞在 30％～35％，远远低于发达国家的利用水平，原因也许就是出在这里。

第六节 碳营养对农作物全方位的重要作用

在前面论述中，已明确了植物碳营养的两种来源，即空气中二氧化碳经叶片吸收和光合作用转化为小分子糖类，以及由根系从土壤中吸收的小分子有机碳。本节重点讨论根吸碳营养。

根吸碳营养对农作物产生着全方位的重要作用，在此将主要的几点表述如下。

（1）是可直接吸收的碳源，不须耗能便能转化利用，尤其是能直接参与新陈代谢氧化成二氧化碳（放热），为农作物提供能量。正是这种功能，使农作物白天形成的碳积累尽量少被消耗掉，不但有利于农作物的生长，也有利于其在夜间拥有足够的能量抵御低温，减少应激反应。这对农作物的健康生长有直接的作用。

（2）全面提高土壤三大肥力，为农作物提供良好的土壤环境。

（3）快速促进根系发育。大量应用实践表明：碳养分对根系的促进是惊人的：一般菜苗施用碳肥，七天之内根系生物量比不施碳肥的菜苗增加 80％以上。不少生长期较长的瓜豆类，施用了有机碳肥根系会从垄上穿到垄沟。

这么显著的促根现象，源于根系生长的营养物质主要是碳。传统理论显示，叶片光合作用形成的碳水化合物（糖类）由上到下输送到根系，促进根系生长，可是这种输送过程是经过叶片、果实、枝干层层盘剥的，到了根系所剩有限。而土壤中的碳养分则不同，根所得最快。土壤中碳营养丰富，根的生长自然快速旺盛。

（4）大大提高农作物光合作用效率。使用碳肥的农作物，叶片宽厚，叶脉粗壮，叶色葱翠而有光泽（叶绿素丰富），在强烈的阳光下仍不萎蔫，这就使它比不用碳肥的植株光合作用效率大大提高，从而使其更接近该作物 DNA 的"生长路线图"健康生长。

以上四点是根本性作用，另外，还有一些其他好的效果。

（1）大幅度提高产量　合理使用有机碳肥（化肥照用），各种农作物产量均有显著提高。提高最明显的是三大类：一是块根类，如萝卜、胡萝卜、红薯、淮山、葛根和块根类中药材，增产率可达 50%～80%。二是生长期较长，边长边收摘的作物。例如西红柿、黄瓜、苦瓜、茄子、辣椒、四季豆等，增产率可达 50%～60%。三是自然灾害或病虫害暴发时，施用有机碳肥的损失少甚至能完全恢复，这样对比常常可增产 100% 甚至更多。

其他一般农作物增产幅度如下。

大田作物（玉米、水稻、小麦）：增产 15%～20%；

叶菜花菜：增产 20%～30%；

水果：15%～20%，增收 30%～40%。

（2）提高农产品质量　施用有机碳肥能使农作物生长和成熟过程更接近该种质的 DNA 表达，因此农产品物质积累丰富且全面，所以口感甚佳，且耐贮运。笔者曾做过两批试验：黄瓜采摘后存放到 16 天，掰断还有脆感，而施用化肥的黄瓜，存放 6 天掰断已出现绵软感。马铃薯放在屋角 100 天，才开始烂，而对比的马铃薯只存放了 30 多天。

口感好：曾用三盘蒸熟的红薯招待客人，施用金三极（有机碳-无机复混菌肥）的红薯被吃光，施用普通有机肥的红薯被吃掉一半，施用复合肥的红薯，每人只尝一口就无人问津了。

提高质量的另一个表现是外观好看，水果硕大均匀，红薯、马铃薯表皮光鲜，没有特大个头，都是中上个头，十分均匀美观。

（3）抗早衰　前面提到的"边长边采摘"的农作物，其大幅度增产的原因之一是采摘期长，例如黄瓜采摘期延长 20 多天。这就是有机碳营养使农作物不早衰。

观察水稻，施用了有机碳肥的水稻完全成熟了，其叶片还有一大半是绿色的。正是这些绿叶显示了水稻植株没有早衰，能在稻谷粒成熟过程始终给予碳水化合物供应，所以稻粒饱满无瘪，千粒重增加。

碳营养使植株抗早衰更明显、更有意义的是果树。在有机种植时代，大多数多年生果树产果龄都能达到几十年甚至上百年。但在实行化学农业耕作方式后，许多品种的果树，尤其是柑橘类、桃李类，种植十几年就老态显露，躯干伤痕累累，叶片凋零无光。北方的苹果树、桃树还出现了一种怪病——早落叶病，在果实尚未完全成熟时，叶片早已掉落，这如何产出好果子？十多年来，在接受笔者技术团队指导的果园，这种早衰现象没有了。这些果园植株杆光叶绿、果实累累，一棵蜜柚挂果 150 多千克，粒粒鲜甜，均匀硕大，红光照人。植株早衰对果农是莫大的损失。一株果树从种植到挂果，少则须 3 年，多则须 5 年，要到盛产期就更久了。可是盛产不了几年，就急剧老化了。这样的投资回报率很低。

平和县一位蜜柚大户坚持使用有机碳肥，已经尝到甜头了：他的柚树没有黄化病，叶色葱绿油亮，柚果外观光鲜匀称、手感沉重，没有木质化的次果，甜度高。上市后每斤多卖 5 角多。其总结道：有机碳肥是蜜柚的保护神！

（4）防病抗逆　农作物多病和抗逆机能低，一般是因为植株体弱，体弱又是出于生存环境（土、水、气、菌）不良和营养供应出了问题。实际上就可归结于土壤三大肥力和"碳核心"缺失的问题。所以向土壤和农作物提供碳营养是提高农作物防病和抗逆机能的重要措施。

（5）解决作物"花而不果"和果树大小年的问题　许多农业教科书或论著把农作物"花而不果"的现象说成是由于植物的营养生长太盛抑制了其生殖生长。这种说法不对。"旺而不花"，就是营养生长抑制了生殖生长。而"花而不果"是缺碳。许多实例都说明了这一点。植株花期正常开花，说明不存在营养生长对生殖生长的抑制因素。但从开花到结小果，从成批小果膨大成正果，都需要大量的能量，这些能量的来源包括光合作用和根吸有机碳养分。如果因气候造成光合作用差，能量几乎靠根吸碳养分供给。在这种情况下，土壤缺碳就等于断了千千万万小果的粮道，作物还能结果吗？果树大小年，似乎成了一种难以改变的自然规律。其实这是多种因素造成的。

果树"大年"消耗掉了树体几乎全部的营养积累，植株能量级降到低点，相当于马拉松运动员跑了一个全程。如果不让运动员休养及补充足够的营养，隔不了几天又要他再跑一程马拉松，别说跑不下来，恐怕中途就得倒下了。很多果农在果树丰收之后加大底肥有机营养的用量（优质有机肥或有机碳肥），配以适量的复合肥，第二年按常规再施些追肥，必然再获丰收。这种措施在大小年现象最为严重的荔枝、青梅等果树尝试，收到很好的效果。

人类在果树大小年方面"不作为"，即是认为大小年是自然规律，轮到小年了就放任自流，不理不管。"乱作为"即是只施化肥（复合肥），不补充碳养分。前面已经论述过了：植物十几种必需营养元素中唯有碳是提供能量的。植物"大年"后能量级大大下降，最需要补充的就是碳营养。这时只施化肥而不施足够的有机肥，是得不到效果的。

（6）老树病弱树的抢救　老树和病弱树的抢救，原理一样，措施不同，但都离不开碳营养。

老树主要指园林景观的大树体。这些树体从别处移来，根系大部分被去除，枝叶更是所剩无几。这种树移栽后成活率不高，经济损失比较大。有人认为老树不活是缺营养，而对营养的认识又不懂碳，就给它施很多化肥，有的还给树体挂吊瓶打针输液（化肥溶液）。这些措施大多是加速了老树的死亡。

大树、老树树体贮存着不少营养，但由于根少叶稀不能循环；不循环就面临死亡。植物也有心脏（图2-19），根是下心房，叶是上心房，上下心房协同推动循环不息的营养流和新陈代谢。有机碳肥能壮根生叶，形成植物强大的心脏，树体便能复壮。

图 2-19　植物"心脏"

图 2-20　金桂树发芽

图2-20是深圳市莲花山公园一株有纪念意义的金桂树，移植后6年不发芽。有机碳肥使它发芽复壮。在湖南浏阳等地经营大树头的农户，已习惯用有机碳肥养树了（图2-21）。

景观老树体的拯救关键在活根，促根让树体的营养流循环起来。

病弱树情况更为复杂，通常存在土壤板结或腐败、根系败坏等现象。所以救治病弱树，要先对根部进行观察，对根腐病做必要的消毒，并改良或更换根际土壤。然后施有机碳肥1～3次，便能重现勃勃生机。

（7）保护植物种质资源　农作物只有健康生长，使其DNA表达充分，才能使种质不退化。"阴阳平衡"且丰足的施肥，就能使农作物达到优质的效果。所以要使农作物种质不退化，必须重视碳营养的供应。

图 2-21　浏阳的"有机碳"景观树

（8）缓解农作物"缺素"病　农作物缺"素"通常指缺中微量元素。因为大量元素（N、P、K）是农民常用肥，一般不缺失，而中微量元素是否需要，缺的是什么，农民很难判断，也不易补充。在实践中发现，施了有机碳肥，农作物某种缺素症不发生了；而同地块同种作物，只施复合肥便得了缺素病。这是怎么回事呢？在严重板结的土壤中，农作物根系衰弱，吸收能力差，而土壤中的中微量元素因得不到有机酸的作用生物活性又差，这两"差"使农作物吸收不了某些中微量元素，其实土壤中的中微量元素并不缺。这就是假性缺素病。

另一方面，有机碳营养来源于生物质，其天然就带着某些其他营养成分，包括中微量元素，所以施用了有机碳肥不知不觉带去某些中微量元素。

（9）对农作物肥伤、药伤的抢救　几年来见证了多起有机碳肥对农作物肥伤、药伤的救治。只要使用及时，方法得当，有机碳肥能较好地使遭受肥伤、药伤的农作物在较短时间内康复。其机理在于如下三个方面：一是使农作物快速得到能量补给，增强了自我修复机能；二是对有害物质起到一定的抑制作用，使其不继续作恶；三是对被损害的器官组织的直接修复。笔者曾试过，液态有机碳能止血并使伤口很快痊愈。

第七节　农作物的缺碳病及其危害

我国许多农业区县的土壤调查显示，我国大面积农田经过三十多年

"化学农业"耕作，土壤中的有机质几近耗尽。笔者从某市几个县农业部门了解到，近两年进行的测土调查，每个县抽取 4000～6000 个土样。检测结果显示：有机质含量 2% 以上的不足 5%，有机质含量 1.5% 以下的占 80%，还有近 15% 土样中有机质含量在 1% 以下。

众所周知，一般有机质的碳系数是 1.724，即碳在有机质质量中占 58%。土壤有机质含量太低，意味着农作物基本上不能由土壤吸收到水溶有机碳。农作物从根部得不到碳供应，这就导致缺碳病的发生。

一、缺碳直接造成农作物的主要病害

1. 根系衰弱

根系靠什么促进生产？首先是根的趋水趋肥性，使根系有一种内在的向外向下伸长的刺激，有机质的土壤含水性差，各类肥料溶液向根部"表达"能力差，致使根系生长的内在刺激不足；其次，土壤微生物同根系的互动，是根系生长的外部刺激。土壤中有机质和微生物繁殖所需的碳源不足，致使根际微生物群落稀疏，根系生长的外源刺激太弱，根系就失去了生长的外部刺激。因此土壤缺乏能被根系和土壤微生物直接吸收的水溶有机碳——有效碳，直接造成农作物根系衰弱、老化。这就是农作物减产和抗逆性差的根源。

2. 早衰

农作物早衰的原因，自然与根系衰弱直接相关。这里要提到的是农作物其他器官和内部组织，例如木质素、纤维素和糖分，由根部吸收的有效碳转化所需的能量比较低，即使在夜间和阴雨天，或大棚环境 CO_2 不足、阳光较弱的情况，这种转化和积累还可不停地进行，植物内部组织可得到营养补给。相反，根部基本上吸收不到有效碳，农作物仅靠叶片的光合作用转化 CO_2，同样的积累所需的转化能就大得多。在白天阳光充足时，能量得到供应，但在夜间或阴雨天，这种转化和积累少，而新陈代谢又要消耗作物内部的能量。这种能量收支的失衡，是导致植物早衰的另一种原因。这种情况在生长期较长的瓜豆类蔬菜和果树尤为显著。试验表明：在使用等量化肥的情况下，底肥加施充足的有机肥，四季豆、苦瓜、黄瓜、茄子等作物，收获时间可延长 1～2 个月，总产量提高 30%～60%；笔者在河南某苹果种植区调查发现，种在村子旁边的苹果树，农民勤施农家肥，果树下面长满青苔，二十几年树龄了，还杆壮枝鲜，绿叶掩映，硕果满枝，一派勃勃生机。这些果实大多达到 9cm 规格，可闻到香气，又脆又甜，用精包装论个卖，一个苹果 5 元，供不应求，小车、货车开到合作社门口等货。而村外梯田上的苹果由于缺乏施用有机肥，施肥季节只施化肥，年年如此。树叶早掉完了，远看果实累累，像无数串红灯笼，但近看果实都在 7cm 以下，口感酸涩，一斤才卖 0.8 元，在地头一堆堆等过路车辆带走。这些树也是二十几年树龄，树体已老态龙钟，许多树的枝干布满腐烂的病斑，不少树干已被"肢解"清除。以上例子充分说明：有充足的有机碳营养，植物生命力就旺盛，就长寿高产；反之，植物就早衰，就减产。

3. 黄叶病和失绿症

阴雨天光合作用接近停止，空气中 CO_2 不能正常被吸收转化，农作物的碳营养和碳能源双双下降。阴雨持续，就产生黄叶落叶，有些作物的新叶表现为失绿。一般误认为是"水浸"，其实只有同时烂根才是"水浸"，一般并不是"水浸"而是缺碳。2012 年 4 月初，深桥镇沈某在 22 亩大棚菜椒中随机选 11 亩施用了液态碳肥 27.5kg。5 月初到 6 月中旬当地连续阴雨。未使用碳肥的 11 亩菜椒全部出现黄叶坏株，椒果发红腐烂，几乎绝收。而使用有机碳肥的 11 亩还不停地生长收果，没有出现黄叶，果实青翠硕大，在 6 月 20 日前，总共收获菜椒 33700kg，销售 27 万元。

纯化肥营养液大棚培育蔬菜的失绿症见图 2-22。

图 2-22　化肥营养液培养的"亚健康"的大棚蔬菜

4. 亚健康

什么是农作物的"亚健康"，就是植株没有明显的病症，却萎蔫慢长，或纤蓓虚长，倒伏，还有就是完全失去了原生态的气味。亚健康的成因有许多，除了自然灾害后遗症外，还有种子质量、药伤（肥伤）后遗症、营养不良等等。在此我们单讨论营养不良问题。当前一般农作物的化肥营养供应是充足的，但往往就是有机营养严重不足，也即缺碳。不是空气中有取之不尽的 CO_2 吗？空气中 CO_2 在植物体中的转化，首先要靠光合作用。夜间和阴雨天这种转化几乎停止，然而农作物还在新陈代谢，还在消耗能量。如果由根部吸收水溶有机碳作补充，不但可继续进行物质转化和积累，还可供应新陈代谢的能量。一旦缺乏根部吸收的有机碳营养，植株就周而复始地出现间歇性"透支"，这就使植株不能正常生长和完成物质积累，处于一种"亚健康"状态。如图 2-23 所示，图（a）花椰菜为亚健康状态，图（b）花椰菜为健康状态。

(a)   (b)

图 2-23　液态碳肥在花椰菜种植上的对比试验（金星乡农技站）

5. 削弱防病抗逆机能

许多专家的研究表明，植物具有对抗恶劣环境和防抗病害的能力，主要靠自身产生的能量、"信息素"和"修补物质"。在环境条件恶化的情况下，一般正常的光合作用也不能进行，这时更需要由根部吸收有效碳来补充能量。可见缺碳对于恶劣困境中的植物意味着什么。植物在病虫害胁迫的情况下，会施放某种"信息素"，使病害源"知难而退"。如果植物组织受到损伤，它还会制造"修补物质"来修补（或称再生）。

这些"信息素"和"修补物质",无一例外地都有碳元素存在,有机营养素越充足,这些物质越浓烈,这就是为什么弱株比壮株容易得病的原因。缺乏根部供应的有效碳,不但营养积累少了,而且防抗病害机制也削弱了,这是植物发生病害的内在原因。因此可以说:缺碳是农作物的百病之源。

如图 2-24 所示是同一垄蔬菜,在遭受水浸和寒流两次灾害后,用与未用有机碳肥的植株田间照和单株对比照。

图 2-24 花椰菜施用有机碳肥后受灾情况对比

6. 品质下降和物种退化

大家都能感受到,有机食品口感好,原生态气味浓,而化肥培养的农产品,口感平淡,有些甚至完全失去原生态味道。当然这仅仅是表象,而本质就是,"化肥农作物"内含物中的物质组成比例变异,新陈代谢的异常衍生物使作物遗传信息的表达缺失或紊乱,这不但降低了农作物的产品品质,而且造成物种退化。除了杂交品种外,一般纯种的农作物是可以代代相传的,但现在一般农民都很少靠自己留种了,因为这种"相传"已经不可靠了。相信,那些负责任的种子培育企业,在培育纯种(当然也包括杂交)种苗时,一定会重视足量有机肥的使用。否则,它将很快收到"物种退化"效应的惩罚。

二、缺碳间接造成农作物的病害

因缺碳间接造成农作物的病害,可分三大类。

1. 土壤板结和药害

土壤板结和药害(土壤中农药残留严重)造成农作物多种病害,在此不作细述。如果土壤中有机质丰富，或者对土壤施足有机碳，这些危害是可以减轻甚至是可以避免的。有机碳不仅是良好的土壤改良剂，可以解决土壤板结的问题，而且，有机碳化合物还是良好的解毒剂。由于除草剂和其他农药直接施到土壤中，使土壤微生物受到极大伤害。如果向土壤施用足量的有机肥或者有机碳肥，可以减轻农药的药害，保护土壤微生物，能在相当程度上减轻微生物的损失。农药残留通过氧化和光分解，药性又会进一步降低，重新繁殖起来的微生物反过来会"吃"掉这些残留物。在这种土壤微生物与农药残留物的博弈中，有机水溶碳起着"东风"助阵的作用。这种分析推理已经得到多次实例的证明。所以缺碳等于任凭土壤板结和药害肆虐而束手无策，使农作物失去良好的土壤生态而导致出现病弱株严重等现象。

2. 化肥的负面影响加剧

在前面提及过，土壤板结的主要原因是有机质的缺失，而不是由于使用化肥。这并不是说化肥对土壤板结没影响。有机质缺失，化肥对土壤板结影响的烈度就更加凸显。而有机质丰富，不但化肥的利用率大大提高了，而且化肥残留于土壤中的硫酸根、氯离子、亚硝酸盐等物质会因转化为水溶有机化合物，以及在丰富的土壤微生物的多重作用下而无害化，使土地可以永续耕作。所以归根结底，化肥"使土壤板结"的负面作用并不是化肥之过，而是人们忽视了向土壤施用足量的有机肥料的结果。

3. 重茬症

作物"重茬症"并不直接是由哪种病毒或病菌引起，而是由于营养严重失衡，根系十分衰弱和土壤微生态系统极不正常等因素综合造成的某些作物严重的"亚健康"现象。营养失衡，指某些作物必需的矿物质营养元素（因重茬）不足，这一点大家都能有所了解，但碳的缺失就不为人所注意了。其实在许多情况下，水溶有机碳的供给，不但提供了碳元素，而且把那些土壤中难溶的矿物质营养也活化输送进植物，也即补充了碳，其他营养失衡问题的不利影响会减轻，作物根系问题，土壤微生态问题都会好转。所以作物"重茬症"必定会有缺碳的因素存在。有机质丰富且小生态健康的耕地，基本上不会产生"重茬症"。这反过来证明了缺碳与重茬症存在一定的因果关系。

此外，农作物因病菌或病毒原因而发生的许多常见病，都与土壤问题、根系问题、营养不平衡问题有密切关系，当然也是因缺碳而间接造成的。这些病害如：果树的早落叶病、腐烂病，水果的黑腐病，茄椒类的青枯病、炭疽病，棉花的枯萎病、黄萎病，瓜类的霜霉病，马铃薯的晚疫病，烟草的花叶病，蔬菜的根瘤病等。

三、缺碳病造成的巨额损失和严重后果

1. 早衰造成的损失

这是缺碳病引起的直接的也是最大的危害。主要表现在果树提前老化和生育树龄缩短，以及一大批经济作物采收期变短。多年来南方柑橘树的黄化病被称为不治之症，许多专家学者对此做了大量研究，病因众说纷纭，有的说细菌病，有的说病毒病，但从未有人开出过一个有效的治疗药方。北方苹果、梨、桃等果树的早落叶病，茎秆腐烂病、腐根病也被说成是不治之症。人们也都在病菌或病毒方面寻找原因，却无治愈的良方妙招。其实这些病都无一例外地是由于土壤板结和植株早衰发展过来的。那些偏施化肥的瓜、豆、茄类作物，再怎么加强管理，其采摘期都很短，但相同环境只要施用了有机肥料，其采摘期就一定能延长。笔者见到一位老农种了一株瓠瓜，他分几次给这株瓜施了鹅场粪渣，3月种苗，5月开始摘瓜，一直收到笔者再去的 11 月底，共收了 120 多个瓜（共约 200kg），这片由一株苗发展出来的一大片绿叶，看来不下霜它是不会落黄的，叶片底下还有多少个瓜蒂在不断膨大呢！正反两方面大量例证说明：植株早衰的主因就是缺碳。

早衰不但使农作物生育年龄（或采收期）缩短，总产量大幅下降，还造成农产品品质劣化。以前述两种苹果为例，品质劣化造成的损失远远大于产量下降的损失。全国仅仅考虑大量果树和瓜、豆、茄等这些受早衰症影响最明显的作物，因早衰而造成的产量下降和品质劣化两种因素合并统计，总产值损失必定在 50％ 以上，这就是一个天文数字。

2. 直接病害造成的损失

农作物哪些病害是由于"缺碳"直接引起的，这是一个大课题，有待分门别类继续进行研究。目前可以确定的有如下几种。

① 阴雨天发生的黄叶和落叶。这一症状一直被误认为是"水浸"。11 亩菜椒的例子已经说明，这不是水浸，而是缺碳。水浸的主要特征是烂根。但在上述例子中，没用碳肥的菜椒烂根也并不明显，而黄叶、落叶却十分严重，而长势良好的 11 亩试验田，更没出现烂根现象。

② 对环境胁迫和药害肥伤缺乏抵抗力的弱株。在严重缺乏有机肥料的农田，一次严重的灾害例如冻害、水浸或者使用农药不当或化肥烧伤等，就会落下一大批弱株，这些弱株无明显病症，但却生长缓慢，株形萎蔫，称之为"亚健康"株。2012年年初笔者在一块西兰花地做液态碳肥试验，试验区按每亩增施2.5kg液态碳肥。施用后一周，喷施了农药，再经二十几天观察，试验区无一株明显弱株，而对比区有20%左右的植株是生长障碍型的弱株，这些弱株是造成减产的主要因素。

③ 植株倒伏。许多专家认为水稻倒伏是由于缺钙、缺硅。不错，只要是倒伏的水稻，都可以检测出含钙、含硅量不足。但是支撑水稻茎秆的木质素和纤维素的最主要成分是碳，缺碳才是水稻倒伏的根本原因。另外，缺碳还导致钙和硅的被吸收率低。因为钙盐和硅盐通常都难溶于水，只有借助含碳有机酸的融合（螯合、置换等）才溶于水而被吸收。有了充足的水溶有机碳，不但给作物直接补充了碳，还使钙和硅被吸收利用率倍增。这是空气中二氧化碳所不能达到的。所以水溶有机碳"团结"了钙和硅，把作物躯干支撑了起来，这就好比建筑物构件中的混凝土，它的材料有水泥、砂石和钢筋。是水泥把砂石、钢筋团结成一个坚强的整体，才撑起了大厦的高度和重量。现在有些高产水稻的品种，到了一定亩产量就不敢再采取增产措施，就是怕倒伏。专家们如果转换一下思路，把眼光盯住碳，也许问题就能解决。

④ 食品质量问题。食品质量差，甚至损害人类健康，这也是农作物的一类病，我们称之为"食品质量病"。当前人们普遍关注的是农药残留，这是大家都容易理解的"食品质量病"。而偏施化肥（也即缺碳）的确使食品口感差，这大家能理解，但怎么会引起"食品质量病"呢?，我们想想，原生态环境中植物是如何吸收营养的? 在原生态的草地或森林中，植物生长的环境往往是有机质相对矿物质营养要丰富得多，因此植物是不缺碳而缺矿质营养。植物所需的矿物质营养由腐殖土中的有机酸和植物根部分泌的有机酸对地表矿物岩石进行溶融，从中分解出所需的矿物质营养与有机酸形成有机化合态被吸收入植物内部，这是一种富含有机碳的有机无机全营养系统，这就是原生态植物营养的真面目。正由于岩石和风化物中矿物质营养含量低，溶解难，所以植物在原生态环境中的生长速度不及人工培植，但一般都显得健壮而少病害。在化学农业生态中，有机质严重匮乏，而矿物质无机营养却充足供给，这使农作物营养积累的成分不协调，大量矿物质营养离子滞留在植物内部胞外液中，作物新陈代谢就会产生原生态状态下不曾有的异变物。久而久之就

使作物的基因表达不充分，不完善，这就产生了亚健康和物种退化。试想，由这样的农作物而来的食品安全吗？食品不健康的首要原因是农药残留和霉变，第二位的原因就是由化肥"过剩"引起的农产品品质异变。食品不健康的问题实际上已显现多年，现在城乡人群中，高血压、心脏病、肥胖症、糖尿病、癌症等慢性病，发病率比 40 多年前高几倍甚至几十倍，这都是食品不安全直接或间接带来的结果。

四、缺碳病的特殊严重性

全局性——不论东西南北，几乎所有农作物都有可能发生缺碳病，而实际上每年都有大规模农作物处于碳饥饿之中，其因产量不足和质量下降所造成的损失，是数以千百亿元计的。

系统性——缺碳病不但造成农作物直接发生多种病害，还间接发生更多病害，这导致农药用量大增，带来新的经济损失和食品不安全。缺碳病还导致化肥利用率下降，带来农作物生产成本上升以及土壤更加板结或沙化，还导致流域水体富营养化等环境问题。因为缺了一个"碳"，带来了一大堆社会问题、环境问题和民生问题。

长远性——缺碳病引起生态循环链条破坏，农业环境恶化，种质资源退化等问题，都是难以修复和不断延续的，这对社会经济发展和生态文明建设都造成长期的严重危害。

综上所述，农作物缺碳病造成的损失和危害，是任何一种其他的农作物病害所不能相比的。缺碳病"当之无愧"就是当今农作物的一号病！是否确认缺碳病是当今农作物的"壹号病"，采取措施预防和根除缺碳病，就不是单纯的肥料问题和农艺措施问题，而是农业战略问题，是关系到生态文明建设大局的问题。

抓住并解决缺碳病，修补碳"短板"，就抓住了土壤、肥料和农作物的一系列问题的关键。并将把我国农业带进一个新的发展周期。要获得农作物单产的重大突破，不一定转基因。

第八节　用"碳思维"分析农作物百态

正如前述：加进一个"碳"，作物机能和土壤小生态就发生了急剧变化。借着有机碳营养这盏明灯，可以进入并照亮植物营养和土壤生态的许多未知的领域，不少过去不能解释或者不能正确认识的现象，就可以得到合理解释。从对这些现象的深入和正确的认识中，又反过来使我们加深对有机碳营养这一"肥料之母"的理解。以下将农作物一些现象分成几类事例进行分析。

一、阳光下瓜菜蔫与不蔫的现象

一些叶片展开度大的作物，如叶菜类和瓜类，在午间阳光强的时段，一般叶片呈萎蔫状。而施用了液态有机碳肥的试验组，叶片却不会出现萎蔫现象。2012年初夏，在青花菜收获期发现，试验组的地面总生物量比对照组增产40.5%，两组的区别仅是试验组按每亩多施了2.5kg液态有机碳肥。

首先来分析蔫与不蔫。由于液态有机碳肥的应用，试验组作物根系发达，对土壤中肥水吸收力度加大，加上有机碳使作物的木质素和纤维素能正常"组建"，因此作物叶秆粗壮，大大小小的叶脉弹性和韧性提高，在强阳光下就不会蔫。

蔫或不蔫，对农作物产量的影响很大。实验表明，每亩仅加施2.5kg液态有机碳肥（根部可直接吸收有效 $AOC=0.31kg$），青花菜生物量增产40.5%，对比组亩产4138kg，试验组每亩增产1676kg，相当于干物质251kg，其中约88kg是碳。而施入土壤的AOC仅0.31kg，增加这么多的碳积累是从何而来呢？回头看看萎蔫的作物：叶片萎垂，叶色似蒙上一层淡淡的灰，这说明其叶绿素的含量和活性（工作能力）及叶片气孔的开放度比试验组差许多。问题就在这里，每天通过叶片气孔吸收的 CO_2 经光合作用转化为碳水化合物的量，试验组显然比对比组多，几十天乃至上百天的积累，差距就进一步拉大了。

这个事例启示：根系吸收有机碳营养，能促进作物提高叶片光合作用的效率。也就是说，"根吸碳通道"与"叶吸碳通道"是相互关联的，是相互制约或相互促进的。而在这种关联作用中，"根吸碳通道"是主动方。0.31kg AOC与多了88kg碳积累的巨大量级差，还说明另一个问题，作物碳积累的"主力军"是空气中的 CO_2，而根部吸收的AOC是"主力军"通道的"触发极"，通过对矿物质营养的增效作用，对土壤微生物和作物根系的促进作用等方式，直接或间接提高了叶绿素的"工作效率"，使 CO_2 吸收转化量大大提高，从而实现对大能量"通道"的疏通和推动。也就是植物两个"碳通道"之间的关系。

二、速生桉的"冠顶绿"和"自然整枝"现象剖析

速生桉是一种生长速度很快的乔木，所以其"冠顶绿现象"尤其明显。单株或单行树，其侧枝与主顶枝几乎同步生长，侧枝没有明显的滞长和干枯现象。所谓"冠顶绿现象"，就是成林中的树，其各株的侧枝在一定树龄后就滞长或干枯脱落，产生"自然整枝"现象，主顶枝则快速上升，冠顶形成一层片片相连的"绿伞"，遮盖了整座林子。

这几乎是司空见惯的现象，人们随口就会说：林子里没有阳光，侧枝没有光合作用就不长呗！事情是这么简单吗？我们细想：侧枝还有树叶时，它的周围 CO_2 浓度与主顶 CO_2 浓度是一样的，它同样能吸收 CO_2，两者差别就在于：主顶叶由于有充足的阳光，CO_2 通过叶绿素这个"转换器"转化成有机碳营养被树体吸收利用，而侧枝叶没有阳光提供足够的能量，CO_2 转化停止就没有吸入。这种情况下，侧枝树叶及其关联枝条的有机碳营养浓度逐渐下降直至接近零。由根部吸收的化肥营养（在贫瘠土地多是离子态）进入树体后，被有机营养浓度高的树冠部分吸引，被溶合成零电价态（最适合被吸收态）进入植物组织，形成了矿物质营养常态化流向。而没有有机碳营养的侧枝就失去了对化肥营养的吸引力，失去所有营养物质的供给，从而逐渐干枯，完成自然整枝过程。

速生桉的"冠顶绿现象"说明：

（1）CO_2 只有转化成有机碳营养，也即由无机态碳转变成有机态碳才能被植物吸收，CO_2 浓度是转化的物质基础，叶绿素的"工作能力"是转化的条件，光照度是转化的能源。

（2）植物矿物质营养在植物内部的移动和分配具有强烈的"趋有机碳营养性"，它向有机碳浓度高的局部聚集。

（3）冠顶绿现象还证明了前面的论断：矿物质营养被植物吸收的"离子态"是不正常态、非合理态，而以有机化合零电价态被吸收，才是正常合理态。土壤中有机碳营养的浓度是影响化肥利用率的重要原因。

三、吐鲁番的葡萄和西瓜特别甜的原因

吐鲁番的葡萄和西瓜之甜天下闻名，为什么？是因为空气和阳光。这个盆地空气中的二氧化碳浓度比平原高，比高原草场更高得多。加上

夏天新疆大部分地区每天阳光光照时间特别长，瓜果光合作用效率非常高，所以碳水化合物积累丰富。

还有一个现象，在昼夜温差大的地方（季节），瓜果蔬菜特别甜。其实这里有一个神秘的时段，称为温度段。即白昼向黑夜转换后，迅速使气温降到农作物的"假休眠区"，它的呼吸极其微弱，新陈代谢接近停止。这个"假休眠区"时间越长，农作物夜间的能量消耗就越少，也就是说在每24h轮回中，农作物的碳积累就越多，农产品就比较甜。当然，如果夜里时间温度在"假休眠区"的上段，农作物新陈代谢就偏旺盛，昼夜轮回中碳积累反而少。如果温度降到"假休眠区"下段，农作物又必须以消耗碳获得能量以抵御严寒，否则就会被冻伤。所以对农作物"假休眠区"的探索，对于设施农业农产品的生产，具有重大的价值。

四、让果树环割（环剥）成为历史

20世纪七八十年代开始出现的果树环割（环剥）技术，曾风行一时，有的地方至今还在沿用。

环割（环剥）的本意在于阻止叶片的光合作用新产生的碳水化合物向根部运输，让果实得到更多的碳水化合物积累，从而增加果实的重量和甜度。这是在化学农业下的无奈之举，因为确实找不到更好的给果实增重、增甜的措施了。当然，20世纪末期出现的叶面喷施微量元素肥，对果实增重有直接作用，但增甜却很有限，因此环割（环剥）措施在不少地区仍沿用。

果树环割（环剥）增加了果农的劳动量，更主要的是使果树的根系周期性缺碳，本已因土壤缺碳而衰弱的根系更加雪上加霜，这就导致大批果树的树势早衰，育果年龄大大缩短，给果农形成巨大的隐形损失。

有机碳肥的施用，不但能从根部向植物输送有机营养碳，还大大促进了叶片的光合作用效率，使植物碳水化合物积累从下到上更均衡、更丰富。果树的果实增重、增甜的效果远远优于环割（环剥）。可以预测，随着有机碳肥的推广应用，果树环割（环剥）这一农艺措施必将消失。

五、是水浸还是缺碳

在前文提到了2012年4～6月份，深桥镇沈姓农户二十几亩大棚菜椒一忧一喜的事例。6月中旬一个阴雨天，笔者一行人去考察该菜地，当从西侧进入，所见的塑料大棚内土壤阴湿，连续一个多月的阴雨使正处盛产期的菜椒叶黄叶落，椒果变形发红。有人叹气说："都是水浸的……"。走到中途，只见同一地块的东侧那一半菜椒却是另一番景象：植株整齐，绝少看到黄叶，一个个椒果碧绿发亮，一片丰收景象！主人告诉："东侧十一亩四月中旬施了 27.5kg 液态有机碳肥，之后两侧菜地的样子一天一天看着不同。这一半救了我……"。包括刚才说"水浸"那人在内的几个人纷纷议论开了，原来不是水浸！

随即分别挖开东西两侧各一株菜椒根部观察，均未见烂根迹象，只是两株的地下生物量有明显差别，东侧的要丰富得多，且见到根端白色显著。这说明虽经一个多月连续阴雨，菜椒尚未处于"水浸"状态，未见烂根就是佐证。两处植株长势之差源于一个多月来几乎不见阳光，西侧植株极度缺乏有机碳营养，连 N、P、K 等矿物质营养也不能有效利用，植株的病态是"饥饿症"，根源是缺碳。而东侧植株从根部得到有机碳营养的补给，使叶片叶绿素功能得到加强，借着微弱的光线每日还不断进行着光合作用，补充有机碳营养需求，而这又拉动了对土壤中 N、P、K 等矿物质营养的吸收利用。从根部的情况看，"AOC—B—根系"连环作用效果十分明显，土壤较疏松，氧气供应保证了土壤小生态的良性循环，创造了植株健康的条件。

这个事例说明：人们通常把阴雨连绵造成作物萎蔫甚至叶黄叶落归咎于"水浸"，大多是误判。因缺乏光合作用导致严重缺碳进而造成"饥饿症"才是问题之所在。

根据此原理，我们可以理解为什么我国贵州省大部分地区历来农作物都低产？如何改变这种多阴雨地区农作物低产状态？有机碳营养问题是当前我国农作物单产挖潜的"富矿"吗？通过更深入的有机碳肥理论研究和有针对性的应用试验，我们能否从有机碳入手，创造出某些农作物超高产的人间奇迹？

六、七天根系多了一半的启示

2013 年 1 月 7 日，我们陪同客人去考察蔬菜种植大户使用有机碳肥的应用情况。在一块青花菜地，对比和试验小区各判定一株大家一致认定在该小区长势属中上水平的植株。试验小区七天前施了每亩 3kg 液态有机碳肥。从外观看，两株叶色有微妙的差别，农户觉得差别不小，但大家觉得只是"看得出一点差别而已"。再挖根部对比，明显差别就看出来了，试验株的根系足足多一半！

"AOC—B—根系"连环作用的原理不再重复了，但这里要提到一点，由于化学植物营养理论的影响，许多人认为植物营养元素中促生根的是磷。其实磷只是在植物的根端较富集，它是被吸收过程滞留在根端而已。根的生长同样需要大量元素、中量元素和微量元素按一定的比例形成有机化合物组合，其中碳元素仍然是基本元素。而根系远离枝叶，这里的碳来源更依赖土壤中的有机碳营养，加上没有任何一个其他营养元素对土壤微生物（B）的作用比碳营养更直接更重要，因此可以认定：B是"促根剂"、AOC是"生根素"。

七、农作物亚健康和 DNA 表达

以下简单列举各种作物应用中的表现，以对比组与加施适量有机碳肥试验组为表达基础，不加赘述。

萝卜：试验组最长 52cm，对比组最长 38cm，小区增产 22.1%；

胡萝卜：试验组最长 32cm，对比组最长 21cm，小区增产 61.5%；

水稻：总生物量增产 28%，小区经济量（稻谷）增产 14.9%；

青花菜：总生物量增产 40.5%，经济量（商品花）增产 26.2%；

大蒜：试验组最长（蒜头底部到顶叶叶根）58cm，对比组最长 45cm，小区增产 27.2%；

苹果：9cm 以上单果试验组占 82%，对比组占 26%。

应该说，现阶段进行的大量有机碳肥应用试验还比较粗糙，主观随意性较强，对各种农作物的单位（株）合理用量，其与各种化肥的最佳配比以及与土壤质地的关系等，都还缺乏足够的经验，用量和用法不一定最合理。也就是说，上述农作物使用有机碳肥后的增产效果可能不是最佳效果。即使如此，上述几种农作物（应用后）的表现仍然大大超出人们对该作物的增产预期。这就给一个启示：在缺乏有机碳营养的情况下，任你把各种矿物质营养调到如何"平衡"、把施肥量分配得如何"合理"，农作物生产能力的 DNA 表达都不可能充分和完善。因此，从我国农业和土地的总体情况看，提高农作物产量最大的潜力因素是"补碳"，这应该成为农业战略的重要依据。

从许多农作物应用有机碳肥的对比照片发现一个几乎一致的现象：对比区常有为数不少的超弱株，试验区农作物植株和果树的果实长势均匀，都呈现健康状貌。超弱株没有明显的病虫害，但却不能正常发育和生产，这是典型的亚健康，超弱株问题是造成对比产量差别的重要原因。这些事例说明：缺碳使作物的伤病弱株不能尽快恢复长势，而有机碳营养的补给从修复和促进两个方向使伤病弱株能在短时间内恢复长势，从而使其能在正常株进入缓长期时，把差距补上来。所以应用有机碳营养是克服农作物亚健康最主要最有效的措施。

除了粮食作物不方便"试吃"，其他应用有机碳肥的作物与对比组作物笔者大都有"试吃"，发现一个共同特点：试验组农产品好吃，原生态风味浓。甘蔗更甜，苹果香甜爽脆，大蒜香辣味特浓，萝卜生吃清甜爽口，黄瓜在常温下存放二十多天生吃还是爽脆的……这说明：应用有机碳肥，矿物质营养以"有机配位零电价"态进入植株，不但作物生产能力的 DNA 表达趋于充分和完善，而且其内含的物质组成的 DNA 表达也趋于完善，这正是农产品质量完美的根源。

在此有必要对我国有机食品问题做些分析。除了环境和农药等条件外，我国现在普遍实行的"有机食品"必要条件就是不使用化肥，即只能施有机肥。现在我国的国情，只能在很局部的地方实行有机种植。局部实施之所以行得通，并不违反矿物质营养元素是"植物必需"的原则，因为合格的有机肥中，必然含有微量元素，且（$N+P_2O_5+K_2O$）$\geqslant$ 5%，仅以最低的 5% 计算，如果每亩每茬作物不足 800kg 有机肥，则其中（$N+P_2O_5+K_2O$）$=800\times5\%=40$（kg）。这 40kg 矿物质营养是相当于近 100kg 普通化肥的量，这与普通化肥施用强度已经很接近了。也就是说：合格有机肥足够多，植物所需矿物质营养基本上也足够供应了。另一方面必须认识到，在大量有机营养物质的"包围"下，这些矿物质营养基本上都能以"有机配位零电价"态进入植株的，被吸收利用率特别高，其发挥的肥效相当于贫瘠土地使用 120～150kg 纯化肥的肥效。这就是正宗有机种植用肥的可行性根据。而在现实社会中，由于种植者对此问题认识不足，常常存在一些盲目性，导致有机种植产生了问题。

（1）有机肥质量不合格，以为动物粪便随便自然堆沤就是有机肥。实际上这种不规范制造的结果，大部分杂菌和蛔虫卵不能杀灭，施入土壤中传播了病害，且有机质未充分发酵转化，在土壤中继续分解与根系争氧，造成植物根部缺氧。轻者使植物很长时间不能正常生长，重者造成大面积死亡。这种有机肥勉强种成的农作物内，亚硝酸盐含量偏高，这并不是真正意义上的健康食品。

（2）有机肥用量不足，使植物所需 AOC 和有机化合态 N、P、K 等矿物质营养严重不足，农作物生长缓慢且达不到合理产量。而要达到合理产量，必须大量使用有机肥，不但成本比较高，而且有些情况下连运输和施用都有困难，这是有机种植中比较普遍存在的问题。所以目前

"有机食品"真货奇缺，价格偏高。

已进行的许多有机碳肥应用试验的情况表明：植物在其生长量和内含物质量的 DNA 表达最充分最完善，且没有矿物质营养离子及其他异物残留的条件下，是最健康的。以此为目标，现行有机食品生产标准中的施肥要求就不应是唯一方案，以适量合理配比的化肥加足量的高碳有机肥，同样可以达到这个目标。这样就克服了普通有机肥的各种问题，施肥总量将大大减少，施肥的复杂性降低，而所谓"有机食品"（应改称为"A 级健康食品"）的种植品种和种植面积就可以极大地扩张，普通人即可以享用目前被奉为"富贵食品"的农产品了。

八、同是危机抢救，作用机理不同

（1）对黄化垂死果树的抢救，试验方法是：在该品种果树休眠期结束前，掏去根部旧土，剪断 2/3 老化侧根，用无污染新土拌 1～2kg 有机碳菌剂填入树头，再灌水至湿透，一个月内会生新根、发新芽。其后经几次薄施化肥和液态有机碳肥兑水喷施枝叶，该株就渐渐重现生机，有的当年就能结果。

这是"脱胎换骨"性质的抢救，将老化甚至板结有毒的基质土换掉，置入富氧富碳富微生物的活性基质中，形成病树发新根的良好条件。新根吸收足量 AOC 和有机化合零电价矿物质营养，就能催生新芽，再经肥水养护，就能焕发新生。

对于一般黄化的果树则不需如此大费周章，只需用有机碳肥兑水浇施数次，即能返绿。

（2）对作物施肥不当造成肥伤的抢救。实际上"作物肥伤"又分两类，一类是化肥浓度高且接触植物根部，由于反渗透压造成根部细胞脱水死根，这通俗叫做灼伤。这种情况抢救的最好办法是以液态有机碳肥兑 1000～2000 倍水浇灌，在冲淡根部化肥浓度的同时，又给根部补充 AOC 以修复受伤组织。另一类是误灌了未发酵过的浓粪水，或埋施生鸡粪、生猪粪，造成植物枝叶萎蔫而植物根部却无灼伤痕迹。这是由于未经分解的有机大分子团在土壤中被微生物进一步分解，在短时间内消耗大量氧气造成植物根部缺氧，仔细观察根部，根的颜色基本上正常。过多地向同一处作物引灌沼气池水或化粪池水也会发生类似情况。发生这种情况应使用浓度较高的液态有机碳肥的水液（300～600 倍）浇灌根部，使 AOC 迅速催活扩繁土壤微生物，从而使土壤快速疏松而吸纳空气。如果抢救及时，过三四天萎蔫的叶子会脱落而长出新芽。

九、有机碳肥提高作物抗逆性的实例分析

（1）连续干旱使种下 50 多天的玉米高如大蒜，叶色发黄，而同地块中加施有机碳菌剂的玉米平均高出 30cm 左右，叶色基本正常。观察根部，试验小区玉米每株都有 3～4 条粗根从地面上第一节处长出扎入土中，对照小区完全没有，试验小区植株的根系总量目测为对照株的 2 倍以上。对照小区作物根部周围的土壤含水量约为 10%，可吹起尘灰。而试验小区的根际土壤含水量约 25%，吹不起尘灰。这个案例充分证明有机碳菌剂改良土壤，促进根系发育，从而增强了植物抗旱的综合功能。

（2）同垄两行青花菜植苗后第四日，向其中一行加施液态有机碳肥（每亩 3kg，兑水），过数日冷空气来袭，事后观察，对比行菜苗主秆和大部分叶秆变紫红色，试验行变色现象较少。第 20 天浇水时又向试验行加施液态有机碳肥（每亩 3kg，兑水）。又过数日，种植区大雨，该地块因排水不畅浸泡一昼夜，之后对照行菜苗基本不长，而试验行菜苗基本上能正常生长。在四十几天后观察，一垄两行菜一行高达 30～35cm，叶片舒展达 30cm，而另一行高度仅 12cm 左右，叶片长度不足10cm，很像刚移种一周左右的菜苗，但仔细算每株"苗"的叶片数量，同试验行各株叶片数量是一样的。

每亩共 6kg 液态有机碳肥，帮助青花菜在两次灾害中挺了过来，而对比小区却绝收了。我们可以用前面许多理论来解释，但这里应该强调的有两点：一是 AOC 与叶片光合作用共同构建了植物的"能量库"，帮助菜苗挺过冷空气的侵害；二是受浸后 AOC—B 综合效应为植株根部土壤提供氧气，使水浸的缺氧灾害没能在试验行显现出来。

（3）在天气预报即将霜冻时，种植大户陈先生立即安排工人对其 3 亩露天小番茄进行保护，其措施是用液态有机碳肥兑 400 倍水对番茄叶片正反面进行充分喷洒。当晚霜冻，第二天其他农户的露天小番茄被"霜打"，大面积叶片发蔫，并逐渐干焦，要采取多少措施才能恢复长势，实在不得而知。但陈先生的 3 亩作物却安然无恙。这个事例突出证明了碳元素对植物的能源作用。植物也是生命体，在发生霜冻灾害时作物的应激反应会使它努力调集大量碳水化合物到最薄弱的环节，积聚能量来应付冻害。由于有机碳营养局部在作物叶片富集，以及应激反应机制的启动，叶片新陈代谢强度提高，碳"燃烧"成 CO_2 的速度加快，叶片局部产生了比正常情况更多的热能，抵消外部的冷能，避免了冻害

的发生。另外，对于局部受冻伤的植物细胞，有机碳营养的修补功能也第一时间发挥了作用。

（4）2016年初春，南方被冷空气团袭击，许多农作物受灾严重。潮州凤凰山某处的高山茶出现了一个奇景：同一块茶园中一半茶被冻成了"红茶"，叶片一夜之间全红了，而另一半却仍青葱油亮。这不红的正是茶园主人施了有机碳肥做过冬肥试验。当年春天，"红了头"的那一半收不到春茶了，而未被冻红的一半正常采收到春茶，卖了个好价钱。

有机碳营养对提高作物抗逆机能的作用，实在非常神奇，其作用机理的研究还有大量工作要做。这里可以肯定的是：由于有机碳肥对作物抗逆机能有重大影响，在灾害频繁的地区或季节应用有机碳肥，将能产生巨大的投入产出效益。从这意义上说，有机碳肥就是农作物的保护神。

十、从产沼气到无土栽培营养液里的黑根

先从"黑根"讲起。液态有机碳在一处应用中出了问题，把液态有机碳加入无土栽培营养液里，前两三天作物叶色转绿，蔬菜的叶梗挺了起来，显示了有机碳营养的风采。但随后出问题了，蔬菜叶色发暗，营养液发臭，作物根端出现白转黑的现象。正在为对这种现象如何解释而费思量之时，传来另一个消息，有人把有机碳肥加进沼气池，发现沼气产生量明显增加。这两件毫无关联的事却说明了同一个道理：有机碳肥在有相当空气量的土壤环境中，扶助和促进了好氧微生物的繁殖，促进了植物根系发育和土壤疏松，而在类似沼气池这种无氧环境中，易被微生物吸收利用的有机碳营养对厌氧微生物同样起到扶助和促进作用，加速了池中有机质分解，沼气（CH_4+CO）产量明显提升。据此可推断：一般沼气池，由于有机碳大量转化成CH_4和CO气体，沼液中的厌氧菌进入"贫碳期"（水溶小分子有机碳不足），失去了繁殖的动力，沼气的产生也就消减。缺碳使产气不足，还使大分子有机物不能继续分解。所以沼液大量施灌农田必定使土壤缺氧。由多产沼气原理就可以理解黑根现象了：无土栽培营养液原本都是矿物质（无机）营养，没有碳营养，所以各类微生物都不能繁殖，可以称为"一潭死水"。加入液态有机碳肥后，营养液的碳氮比大大提高，微生物得到繁殖的重要条件，很快繁殖起来，并很快把液体中的溶解氧耗光，微生物中的厌氧菌（产沼气菌）发展成优势菌群，沼气毒害了作物的根端因而使根端发黑，作物

生长发生了障碍。

由此我们得到了一种经验：要在无土栽培营养液栽培中应用液态有机碳肥，必须使营养液系统变成循环不断流动的系统。大棚营养液无土栽培在未来城市生活中将越来越受重视，这种产业的发展是必然的趋势。但纯无机营养液培育出来的农作物是亚健康的，其口感更乏善可陈，向营养液中加入液态有机碳肥或使用由液态有机碳与矿物质营养混配的液态全营养肥，是这种栽培模式下培育健康食品的必由之路，所以一定要注意缺氧问题的解决。本书后续会专门论述这一课题。

十一、有机碳肥在"肥地"的作物应用中效果不明显如何解释

所谓"肥地"是指土壤中有机质十分丰富的土地。同是有机碳菌肥，用在北京大兴县韭菜基地效果很显著，而用在福建诏安县韭菜基地效果就不明显。两处韭菜地所不同的主要是土壤中有机质含量差别很大。大兴基地面积有几万亩，长年施化肥，很少补充有机肥料，土壤有机质含量平均不到 1.5%；诏安韭菜基地为多户菜农分散经营，菜农都习惯年年到县城拉"垃圾粪"用于菜地，土壤有机质含量平均 4% 以上。土壤中有机质含量直接影响土壤中 AOC 值和微生物（B）量，但这种影响不是线性的，有机质含量增加 1 倍，AOC 值和 B 值会增加数倍。土壤有机质与腐殖物质（HS）、AOC 值和总 B 值的定性关系可用图 2-25 表示。

如果土壤有机质含量达到 5% 的丰度，相当于耕作层土壤每亩含有机质 8.5t。假设其中 15% 已成为 HS，则 HS 有 1275kg，如果 HS 中 AOC 含率为 0.5%，则 AOC 量为 6.3kg。但有机质含量为 4% 时，HS 值就不是 $1275 \div 5\% \times 4\% = 1020kg$，而是略低（但接近 1020 值），AOC 值更不是 $6.3 \div 5\% \times 4\% = 5.04kg$，而是低得多，例如 3kg。而微生物总量变化则更大，有机质含量下降 1/5，总 B 值可能掉 1/2……

从以上定性分析可见，往土壤中施入每亩数千克有机碳肥，AOC 值不足 1kg，对有机质含量达到丰富程度（例如 4% 以上）的耕地来说，作用是微弱的。因为土壤中原 AOC 值远远超过此量数倍，因此这种施肥等于是锦上添花。而把这些有机碳肥施于贫瘠耕地，对耕地 AOC 值和总 B 值的影响就十分巨大，足以引起土壤"三大肥力"发生重大变化，从而启动土壤微生态的良性循环，这就是雪中送炭（碳）。

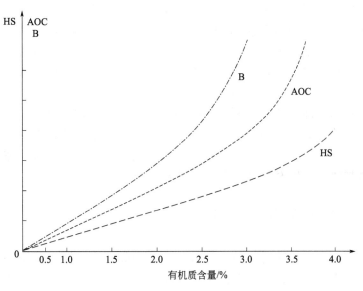

图 2-25　土壤有机质与 HS、AOC 和总 B 值关系示意
（纵坐标中 HS、AOC、B 的单位不同）

从以上事例及分析中可以得出结论。

① 在有条件的地方，保持耕地土壤有机质含量达到丰富程度，是实现农作物丰收和高质量最基本最合理的农艺措施，在这种条件下，有机碳肥的作用是有限的。

② 对于大量有机质含量低的耕地来说，根据各种作物物候期施用各类品种的有机碳肥，可以取代有机肥，且其速效性和综合功能是普通有机肥所不能比拟的。

十二、富硒与不富硒

硒（Se）虽没被列入农作物必需元素，可是如果它被农作物吸收，成为有机态硒，它对人类健康能发挥很多方面的好作用。所以多年来"富硒"成为许多农产品争先标榜的名片。但是实际上即使土壤中富硒，其上种植的大多数农产品并不含硒，除非是人工造假，往植物叶面喷施硒酸盐液剂，该农产品化验出硒，但其质量也是天然富硒农产品有所不能比拟的。

我们发现一个现象，在富硒土地上养殖的鸡，产下的鸡蛋真的都富硒！并不是鸡吃了大量富硒植物而使鸡蛋富硒，而是鸡的特殊消化器官——鸡肫。禽鸟没有牙齿，就进化出特殊的消化器官帮助磨碎食物。

鸡天天啄食土石粒进入这台小型"研磨机"帮助消化，研磨时分泌出有机酸帮助反应，使食物变成可被吸收的养分。而这些土石粒中就含有硒。这些本来不能水溶、不容易被吸收的硒的氧化物，在有机酸和"研磨机"的双重作用下，变成了易被吸收的有机硒，这就使鸡蛋富硒了。

借用这个事例就能说清楚，为什么同一土地，有的农作物能富硒，而多数农作物却不含硒？原因在根系的发达程度和作用时间，这个作用时间指农作物的生长周期。所以茶叶、青梅等多年生植物能含硒，而蔬菜类等绝大部分短期作物不含硒。其区别就在于根系分泌有机酸的强度和作用时间，这些有机酸的基础物质就是碳。

十三、葡萄大量灼伤的原因

葡萄业者盼着葡萄成熟，可成熟了新的烦恼也来了：太阳灼伤。当葡萄进入成熟期，许多葡萄园的葡萄果实被强烈的太阳灼伤，造成裂果而后发皱。可是富含有机质或常态化使用有机碳肥的果园却基本不出现灼伤。差别的原因在叶片。在碳营养丰富的葡萄园，叶脉粗壮，叶片宽厚，在阳光下不萎蔫，像一把把撑开的伞给果串遮阴。而土壤贫瘠的果园，叶脉纤细，叶片薄而窄，在阳光下呈萎蔫状，许多果串被阳光直晒，就出现灼伤现象。

十四、葡萄"走水"

在较长时间阴雨后，突然天气放晴阳光灿烂，许多葡萄园的葡萄果粒发生"走水"，鼓溜溜的果实突然皱掉，成为废果。这是由于阴雨葡萄较长时间内得不到足够的碳营养，导致物质积累和碳消耗逆转，碳的消耗大于积累。而消耗主要来自果实的糖分，果实被掏空，由此形成的组织空间只能被水所填充。当突然阳光暴晒，叶片大量蒸发水分，原先填充在果实内的水分便迅速被抽出，但新的物质积累却不可能那么快来填补，果实便皱了。云南宾川县的许多葡萄业者都懂这个道理，常态化地使用有机碳肥，他们的果园就不发生葡萄"走水"现象。

十五、关于"中医将要毁于中药"的警告

由于中药材野生资源的急剧减少，中药材人工种植应运而生，不少地方甚至出现了规模种植。但国家对中药材种植的技术规范和技术培训

缺位，加上高利润激发的无序竞争，中药种植的乱象出现了：偏施化肥，重茬种植，病害和化学农药结伴而至……这样的结果是大量中药材的质量没有起码的保障，配方药疗效下降，于是出现了"中医将要毁于中药"的呼唤和警告。

我们知道，地道的中药材产自原生态环境，它的特点不是营养丰富，而是营养平衡，所以虽然长得慢但物质积累丰富而全面，更不存在病害和农药问题。但人工种植普遍急功近利，加上不懂碳养分根吸通道的原理，就走化学农业耕作的老路，植株物质积累缺碳，大量化肥养分的无机离子充斥于植株体液中，再加上土壤病引起的植株病害和化学农药的使用，于是中药材就失去了原生态的材质。特别是形成药材药效的各种特殊成分必须以碳为核心物质，碳的缺失就使药效稀释，配方药的疗效也就不可预期了。

十六、工厂化水培蔬菜口感差的原因

正如在之前提到的事例：调查的结果证实，水培营养液只使用无机营养，即水溶性好的化肥，而没有加入有机营养（碳营养），作物生长所需的碳仅靠光合通道。但大多数水培工厂都建在室内或大棚内，即使有的进行了夜间补光，但总体光合作用效能还是比较弱，所以植物碳积累偏低，与营养液中的无机营养根本达不到应有的比例，所以这种农作物体液中充斥着较高浓度的"无机垃圾"，这样培育出来的蔬菜口感能好吗？

第九节 有机碳营养和它的"碳核"

有机营养是植物营养的基础，有机营养通过两个途径进入植物：一是通过叶片气孔吸收二氧化碳，叶绿素在阳光的作用下进行光合作用将二氧化碳转化为碳水化合物，完成营养输送和物质积累；二是通过根部吸收水溶有机营养，这些有机营养在植物内部直接转化为碳水化合物和其他信息物质。这些有机营养也可以与矿物质营养在根外形成络合、螯合等低分子态物理-化学融合物而被根部吸收的。这种有机营养"二通道说"是符合植物原生态营养吸收原理的，也是被大量实验所证实了的。在地温较高的南方地区，有一种"无头笋"（农民形象比喻，是无

地上母枝，而非无根），这是一种"绿芦笋"品种，在深秋以后其地上母枝完全枯萎被拔除，但只要继续供给肥水，地下部分仍不断萌发笋芽，可以不断收笋去卖。这证明芦笋此阶段所需的有机营养，全靠根部吸收。还有餐桌上常见的韭黄，是在完全不见光的陶罐内生长的。这些都是有机营养"二通道说"的物证。

本书所指的有机营养是一种可水溶的物质，含有碳、氢、氧和其他一些矿物质元素，其中碳、氢、氧占绝大部分。有机物质占植物干物质的70%左右，其中的58%左右是碳，也即碳占植物干物质的40%左右。没有碳元素，就不存在有机质。碳是植物所需基础元素，也是有机营养的核心。所以研究植物营养，就必须研究碳肥。

化学植物营养学承认碳是作物必需元素的第一大量元素，但在很长时间内却没有人研究碳肥，这是受"二氧化碳用之不尽"观念所蒙蔽。到了大棚种植普及化以后，人们逐渐意识到大棚中许多时间二氧化碳浓度不够，出现"碳饥饿"，限制了作物正常生长，这才在一部分学者中萌生制造碳肥提高大棚内二氧化碳浓度的思路，这是制造碳肥的第一种思路。

另一种"蒙蔽"来自有机肥，以为有机肥能够向根部输送有机营养，不必再研制什么碳肥了。但许多人的研究证明，普通有机肥中的水溶有机碳仅有1%左右，这里还发现可被根部直接吸收的小分子水溶有机碳（有效碳 AOC）仅为水溶有机质的60%左右，这是有机肥料慢效、低效的根源。找到这个根源，就可能产生制造碳肥的第二种思路：提高有机肥中有效碳的含量，或者直接制造有效碳含量足够高的产品。

第二种思路就是制造有机碳肥的技术方向。

众所周知，许多种类的有机废水就含有丰富的有机水溶物。如果用适当的方法使它浓缩化并提高其有机营养的生物有效性，而消除其有害性，这就是有使用价值的液态碳肥了。如图 2-26 所示是笔者技术团队设计的工艺方法。

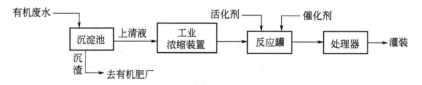

图 2-26　液态有机碳肥生产流程

除此之外，还有不少用其他方法制得的高浓度水溶液态有机碳，都可以归结为液态有机碳肥一类。只不过大多没有在"碳肥"这一处止步，而是再往下走到液体全营养肥和固态全营养肥的目标。

有机营养中含有多种营养元素，把这种有机营养称作有机碳肥是否恰当？笔者认为是恰当的，原因如下。

（1）这种水溶有机活性物质给作物补碳的功效显著。2012年夏初诏安县深桥镇沈姓菜农在同一地块22亩大棚菜椒中随机抽取11亩，一次性使用27.5kg液态有机碳（含有效碳13%）。应用区青椒不受长时间阴雨的影响仍取得好收成。

诏安县四都镇菜农在给大棚茄子施复合化肥时，肥料用完了还剩2亩地。为了不误农时，也为了充分利用劳力，菜农叫工人用1瓶（6kg）液态有机碳施这2亩茄子。过了十几天，菜农惊奇地发现，这2亩茄子长势是最好的。这个实例说明：①在农民认为是"正常"的施肥中，没把补碳当回事，大量农作物实际上一直处于"碳饥饿"之中，不知道造成了多少经济损失；②液态有机碳不但给农作物补充了碳营养，还把土壤中大量残留的化肥营养"带"进农作物内部。有机碳肥的这种"包容"和"放大"特性，是其他化肥所不能相比的。

（2）许多生物质源的高效有机营养，由于原材料和生产工艺的多样性，其内含物非常复杂而且彼此差别很大。这些内含物如黄腐酸、氨基酸、脂肪酸、肌醇、维生素、寡糖、低聚糖、生物碱，还有其他信息物质和植物激素等等。但在实际应用中，各种有机营养产品含以上物质的哪一种，起什么作用？这样细化定量地表达，几乎是不可能的。但是这一类营养都有一个共性：在其干物质中，碳是"大户"，是"主角"，它又是农作物所需的基础元素，所以用"有效碳"标示这类有机碳肥的质量是客观的、可信的、合理的。有人认为：这些有机活性物质中，碳不是以单质形式存在，怎么可称之为"碳肥"呢？不错，在这些有机营养中，碳以化合物形式存在，它和氧、氢或氨基甚至矿物质营养结合成各种结构形态的"有机化合物"，是以分子或分子团的形式存在的，这妨碍其叫做"碳肥"吗？需知自然界单质碳都是以十分稳定的结构存在的，国际学术界称之为"稳定碳"，例如金刚石、石墨、木炭等，有人企图用木炭做成细粉当碳肥用，成功了吗？再从另一角度看，矿物质营养中的几乎所有营养元素，哪一个不是以化合态、以分子团的形式存在？有谁怀疑，$CO(NH_2)_2$ 是氮肥？K_2SO_4 是钾肥？$ZnSO_4 \cdot H_2O$ 是锌肥？所以把含碳率达到一定水平，且其中的小分子水溶有机碳（有效碳 AOC）占大部分的水可溶有机活性物质称为"碳肥"是恰当的，是必要的。

在本书中，为了把"营养性"有机物质与"信息性""刺激性"和"药物性"等功能的有机物质区分开来，仅将有机肥效相当于普通有机肥 5 倍以上的有机制成品称作"有机碳肥"。

（3）长时间内我国生物腐植酸肥料产业"热"而不强，其中的重要因素就是标准的缺失。把一个多年前化工行业关于"黄腐酸"的标准套用于生物腐植酸，不承认生物腐植酸的复杂性，不正视多种物质联合发生作用的现实，这是不合理的。如果还要把矿物"黄腐酸"的检测公式作为生物腐植酸产品质量标准的基础，这更不科学。现在我们去承认复杂性，正视多种物质联合发生作用，能发现一条规律：所有这类物质含量最大的元素都是碳，其再复杂，其结构中无论是芳香核还是官能团，或者"链条"，都由碳在"组合"别人，碳是"主角"，是"核心"。因此用"有效碳"标示这类产品的质量，就有说服力。

（4）人类对植物营养的认识如今已经进入新的阶段——有机碳营养阶段。虽然现在的有机碳肥，品种少，产品形态还不太成熟，影响力还很弱。但这个认识已经被逐渐认识，有机碳肥也已经初步显示出它的大气和强大的生命力。它具备了氮肥、磷肥、钾肥这些主流肥种的高效性、速效性和可标准化特性。加上有机碳肥的原材料主要是工农业有机废弃物，该产业将成为地球碳循环的链条中重要的一环，因此碳肥必将很快发展成一个大肥种，这是我国自主知识产权的世界性肥种。当然，以水溶有机碳和"有效碳 AOC"为标志的技术标准，就是题中要义了。

第十节　根吸有机碳营养的形态和检测方法

首先应该了解土壤有机质中与碳营养有关的各类物质的形态及其之间的转化过程。

土壤中与有机碳营养有关的物质有三大类：腐殖物质（HS），水溶有机碳（DOC），小分子水溶有机碳简称"有效碳"（AOC）。它们的转化过程如下：

$$HS \xrightarrow{\text{化学、生物分解}} DOC \xrightarrow{\text{生物分解}} AOC$$

达到小分子水溶有机碳（其中的碳成为有效碳 AOC）才是根系可直接吸收、土壤微生物可直接利用的有机碳营养。

这几大类有机物质的关系可参考图 2-27。

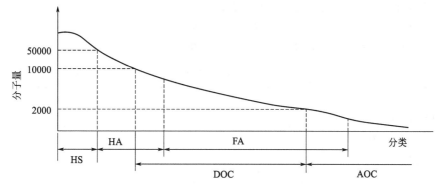

图 2-27　土壤主要有机物质分类示意

有机碳肥中的碳不是以单质碳的形式存在，而是存在于类黄腐酸物质的分子或分子团之中，是一种易溶于水的有机化合物。碳是类黄腐酸分子团的芳香核和活性基团的主要构成物质，占其质量的 50% 以上。由于这种化合物分子量小，水溶性好，在水中的渗透性和扩展性强，它与根系之间形成"云吸收"现象，这就使碳成为易被作物根部吸收的"有效碳"；借助这种类黄腐酸的物质结构和化学特性，有机碳肥还具备了对其他矿物质营养的强大的增效作用。

经 DLS 粒径测量仪测定，液态有机碳肥（含水率 50%）在兑水 50 倍后检测，其平均粒径为 702.2nm，见图 2-28 所示。

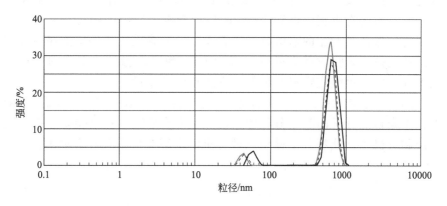

图 2-28　液态有机碳肥分子团粒径分布（DLS）

—— 记录4: B1;　—— 记录5: B2;　------ 记录6: B3

检测时也尝试将样品液兑水 100 倍，结果发现粒径分布图与兑水 50 倍的非常接近。说明液态有机碳肥中的分子（分子团）是相对稳定的。产品装在透明瓶静置经年，不分层、不沉淀、不变味，说明该生产工艺制造出了质量稳定的干物质含量达到 50% 的溶液。

2012 年 12 月 26 日产生了第一个碳肥标准：Q/ZALH014—2012（液态有机碳肥），该标准的理化指标见表 2-2。

表 2-2　液态有机碳肥技术指标

项目		指标
水溶有机碳含量/(g/L)		≥150
水溶有机碳有效率/%		≥95
水不溶物/(g/L)		≤50
有害元素	汞（Hg）（以元素计）/(mg/kg)	≤5
	砷（As）（以元素计）/(mg/kg)	≤10
	镉（Cd）（以元素计）/(mg/kg)	≤10
	铅（Pb）（以元素计）/(mg/kg)	≤50
	铬（Cr）（以元素计）/(mg/kg)	≤50.
pH 值		4.0～7.0

其中"水溶有机碳"含量的测定应用了 NY/T 1976—2010 水溶肥料中"有机质含量的测定"方法。"有机碳有效率"的测定，以水溶有机碳溶液中粒径小于 1000nm 的含碳粒子所占的比率≥95% 为合格。这部分粒径在几十至 1000nm 之间，平均粒径 700～800nm，这正好在植物根系分泌物粒径的区间内。分泌得出就吸收得进。因此可以认定这些就是根部可直接吸收的小分子水溶有机碳，称为"有效碳"（AOC）。该标准对水溶有机碳含量和 1000nm 以内含碳物质中的碳含量做了严格的规定，保证了产品的水溶有机碳含量，以及含碳物质的水溶速效性和扩散性，被根系吸收的有效性。因为 DLS 粒径测量仪十分昂贵，企业用不起，所以用慢速定量滤纸作为常规检测的手段。

图 2-29、图 2-30 所示分别是未经活化的有机浓缩液与有机浓缩液喷雾干燥粉的分子团粒径分布图。表 2-3 所示是液态有机碳肥、有机浓缩液和有机浓缩液喷雾干燥粉三种有机液水溶有机碳有效率对比。

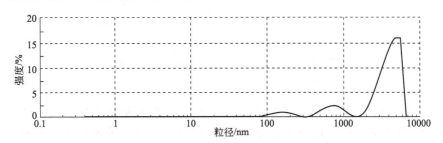

图 2-29　有机浓缩液分子团粒径分布（DLS）

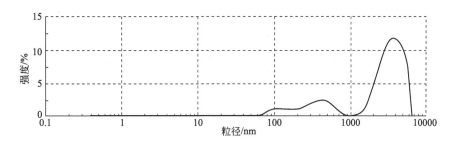

图 2-30　有机浓缩液喷雾干燥粉分子团粒径分布（DLS）

表 2-3　三种有机液的水溶有机碳有效率对比表

名　　称	液态有机碳肥	有机浓缩液	有机浓缩液喷雾干燥粉
水溶有机碳有效率/%	98.3	92.0	89.8

现在市场上出现不少用浓缩有机废液直接施用或喷雾干燥后销售的产品，实际上其兑水后的物质分子团粒径都在 $1\mu m$ 以上，这种产品在土壤中大部分不能被作物根部直接吸收，要经土壤微生物长时间分解才能被吸收，所以从严格意义上说这些"产品"还达不到有机碳肥的标准。更重要的是因为有机废液浓缩液黏稠度都很高，将造成植物根毛吸收孔被堵塞，微生物分解又要大量耗氧，就使根系缺氧而损伤农作物。

有了严格科学的技术标准，才不会"有机碳肥"满天飞，使用户深受其害，令产品名声扫地。没有标准或标准不起实质性把关作用，"有机碳肥"这个新肥种将被扼杀在襁褓之中。

第十一节　有机碳营养的功能和作用机理

有机碳肥与普通有机肥料比较，具有很强的肥效，表现在用量少、见效快、综合作用强。它的功能概括起来有如下几个方面。

（1）快速地、高能量地给作物提供碳营养，增产效果明显，表 2-4 和表 2-5 所列是两组对比试验。

表 2-4　液态有机碳肥在花椰菜的实验（2011.11.27～2012.3.6）

项目	地上部分总生物量（鲜重）		经济总量（商品花重）	
A	5552kg	增产34.0%	2281kg	增产22.9%
B	5683kg	增产37.1%	2310kg	增产24.5%
CK	4144kg	—	1856kg	—

说明：试验在同一块地，各 1 亩，同样的水肥管理，A 组追施一次液态有机碳肥每亩 2.5kg，B 组基肥中加有机肥每亩 100kg。

表 2-5　液态有机碳肥在西瓜的试验（2012.5.5～2012.7.28）

项目	西瓜产量/(kg/亩)	增产率/%
A	2088	26.2
B	1975	19.4
CK	1654	—

说明：同样水肥管理，A 在移苗后 25 天施加每亩 5kg 液态有机碳肥，B 在移苗前下基肥时加施每亩 150kg 有机肥。

由以上两组试验结果可以看出：每亩加施 2.5kg 液态碳肥（有效碳 0.3kg），其在花椰菜种植中的增产效果接近 100kg 有机肥；每亩加施 5kg 液态有机碳肥（有效碳 0.6kg），其在西瓜种植中的增产效果超过 150kg 有机肥。A、B 组西瓜还原糖含量指标基本在一个水平上，分别比对比组西瓜还原糖的含量提高 15% 和 16%。这证明液态有机碳肥的有机营养特征明显。

从这些实例还可以做出量的判断：液态有机碳肥的短近期有机营养作用相当于约 25 倍普通有机肥。这与前面提到的这两个肥种"有效碳"含量之比是一致的，从而由另一个角度说明液态有机碳肥中起有机营养作用的主要就是小分子水溶有机碳。

两年多来的大量对比试验，都证实液态有机碳肥肥效相当于普通有机肥的 20～25 倍。

（2）培育土壤微生物，快速改良土壤，促进作物根系发育。一直以来人们总把土壤板结的原因归罪于"长期使用化肥"。其实，缺乏有机质的土壤普遍存在着土壤微生物不能正常繁殖的问题。这才导致土壤板结。液态有机碳肥的施用改变了土壤 C/N 值，使微生物获得能量而快速繁殖，板结的土壤很快疏松，作物根系快速发育壮大。作物根系发达又促进肥水供应充足，化肥利用率高，叶绿素光合转化效率高。

2013 年 1 月初在诏安湖内村甘蓝菜地进行应用试验。在同一块土地上，同样水肥管理的情况下，一半土地加施一次液态有机碳肥，每亩 3kg，兑水施用。7d 后去检查效果，从试验和对比地块各选取一株中上长势的植株，深挖根部进行对比，发现使用过液态有机碳肥的植株，根系总量增加近一倍，其中新生的根量明显增加（见图 2-31）。

（3）使农作物摆脱"亚健康"，延长采收（生殖）期。在"化学农业"操作中，农作物许多情况下是处在"亚健康"状态，主要表现为：

图 2-31 应用液态有机碳肥 7d 后根系对照

植株生长状态差，达不到应有的生物量，株势参差不齐。生长期较长的作物如豆类、椒类、瓜茄类，采收期短，果实不丰满。还有果树，生理结果的树龄大大缩短，未到年限便老态龙钟。这些现象即是"亚健康"导致的早衰。施用有机碳肥使农作物根系发达，还大大缓解农作物夜间和连绵阴雨天处于严重的"碳饥饿"而能量透支现象，植株便能健康正常生长生殖。根据大量应用实例证明：短期叶菜每亩施用 3kg 液态有机碳肥，增产 15%～25%，边长边摘的豆类、椒类、瓜茄类，每亩施用 2次共 6kg，可增产 40%～50%，果树类每亩每年根施 2 次 6kg，再喷施 1 次 0.3kg，可增产 10%～15%，并能使果实均匀、质量等级提高。多年施用，可使腐皮、黄叶、早落叶等症状得到彻底解决。

（4）改善农产品质量，提高农产品安全度。根施液态有机碳肥，可使化肥中的矿物质营养元素以仿原生态的有机化合态形式进入植株，不但提高了化肥的利用率，改善了生态环境，还使矿物质营养的摄入不造成植物内部发生代谢异变，从而减少不健康代谢产物进入食物链。施用液态有机碳肥，不但从植株内部代谢方面改善产品的质量和安全，还因农作物摆脱亚健康和早衰而减少病虫害，少用化学农药，从植株外部改善了农产品的安全度。龙海市多年来就直销蔬菜到日本、马来西亚等国。其中一种"青花菜"是大宗商品，但有一种质量问题常常困扰出口商：青花菜论个卖，每筐 360 个，抽查几筐出现散花或"满天星"（黄色小花斑）算次品，按次品比例计整车产品价，散花和"满天星"是常见的，很难避免，因而常常使他们损失惨重。当施用有机碳肥后，花型密实耐储运，"满天星"现象没有了。这使经济效益提高了，产品信誉度更好了，他们称有机碳肥是青花菜的"保护神"。

（5）解毒功能和提高农作物抗逆机能。农作物"中毒"，实际上分两种情况。其中一种是缺氧。例如沼气池和化粪池的高度缺氧的液体，进入土壤中立即消耗氧气，造成作物根系缺氧而萎蔫、枯死；或者是液体中有机质未经微生物分解，输入土壤中开始大量分解，与根部争氧，例如浸泡的鸡粪水，也会造成农作物萎蔫、枯死。另一种如未腐熟的粪便产生的氨气或化肥直接接触根系，造成根系细胞反渗透压而缺水死亡，这是真正的中毒。缺氧情况作物根系不会出现灼伤痕迹，短时间内根不会变色。中毒情况作物根系出现灼伤变色，俗称"烧根""烧苗"。2013年1月中旬西潭乡某菜农自泡1t多鸡粪，10d后引鸡粪水去灌大棚菜椒，出现大量植株的萎蔫。这是由于这一阶段气温很低，微生物处于休眠状态，且时间又偏短，鸡粪中的有机质基本上未经分解。到土壤中分解需耗氧，且与根部争氧，作物因根部缺氧而濒临死亡。但观察中发现一块约3亩地的菜椒并未发现不正常，原来这些菜椒在灌鸡粪水前几天使用了液态有机碳肥。于是决定对受伤地块全部施一次液态有机碳肥。3d后，受伤地块的"问题"植株就已萌发新芽，并逐渐正常生长，获得好收成。这个实例说明，液态有机碳肥对抵御缺氧或出现缺氧的抢救，有良好的效果。深桥镇陈姓菜农在天气预报将出现霜冻时，立即向其露天蔬菜（番茄）喷了液态有机碳肥，霜冻出现后观察，他的这块地中的番茄没有出现冻伤，而相邻的其他农户的番茄叶片变色、干枯，伤痕累累。

液态有机碳肥"解毒"功能和提高农作物抗逆机能的作用，源于以碳为主要元素的有机酸对有害物质的快速吸附和螯合作用，限制或消减了有害物质对农作物的伤害。同时对土壤微生物和植物组织直接补充碳能量，改善了土壤的性状，提高含氧量。加入一个"碳"，整个小生态都改变了。

（6）抗倒伏。农作物倒伏是造成禾本科作物和其他一些半藤本作物减产的重要原因。在如何防止倒伏方面，人们习惯把眼光投向钙和硅。的确，这两种元素是植物细胞壁的重要成分。但植物的大架构却是木质素和纤维素为主支撑起来的，只有充足的碳营养才是形成支撑植物大架构的主要物质，所以防倒伏首先要求助于碳。事实证明：水稻使用充足的有机肥，就叶绿秆壮不倒伏，颗粒更饱满。蔬菜在午后太阳暴晒下叶片会软、下垂，而施用液态有机碳肥的菜叶片厚、脉络粗，在太阳下明显地挺立不下垂，更提高了植株光合作用的效率，同样条件下增加营养积累，显然是增产的一本万利之道。

由于水溶有机碳的多种功能，各种功能之间又互相影响，这就组成了对农作物多重作用的效果，这为解开"土壤肥料问题"的纠结提供了明确的思路。

第三章

用"碳思维"分析
有机肥料

第一节 有机肥料现行理论和标准存在哪些问题

关于有机肥料，肥料界是如此定义的：以畜禽粪便、动植物残体等富含有机质的资源为主要原料，经过发酵腐熟后制成的产品叫有机肥料。

可以纳入有机肥料范围的制品很多：粪尿类、堆沤肥类、秸秆肥类、绿肥类、土杂肥类、饼肥类、海肥类、农业城镇废弃物类、沼气肥等。部分可以发酵或水溶性好的腐植酸如草炭（发酵）、腐植酸钾、腐植酸钠等，也列入有机肥类。本节要讨论的是有机肥厂利用有机废弃物和动物排泄物经腐熟后制成的商品有机肥。这是使用范围最大，用户最关注的一种有机肥料。这类有机肥国家有标准（NY 525—2012），主要正面技术指标是：

有机质$\geqslant 45.0\%$

$N+P_2O_5+K_2O\geqslant 5.0\%$

含水量$\leqslant 30\%$

这个标准与旧标准（NY 525—2002）对比，主要差别如下。

（1）干基有机质含量由30%提高到45%。但在有机质计算公式中，新标准比旧标准加乘一个"1.5氧化系数"。

（2）干基（$N+P_2O_5+K_2O$）由4%提高到5%。

（3）含水率由20%提高到30%。

毫无疑问，国家规定商品有机肥的有效成分是有机质含量和化肥营养（$N+P_2O_5+K_2O$）含量。根据这些成分可以判定有机肥料具备如下功能。

① 为耕地补充有机质。这是有机肥最主要的功能。

② 向作物提供一定量的氮、磷、钾营养，这些无机营养基本上具备有机配位态的性质，利用率很高，是对土壤不起副作用的矿物质营养。所以在有机种植中，如果每亩每茬施用1000kg合格的有机肥，等于兼施50kg（$N+P_2O_5+K_2O$）营养，参考化肥的营养含量，相当于100多千克化肥。有机肥的原料是有机物料。各种有机物料中天然地含有多种中微量元素，是所有有机肥和农作物中微量元素最重要的来源。所以说施足合格的有机肥，而不必施化肥，农作物可以取得优质高产，这是有机种植的理论根据。

③ 改良土壤，提高土壤的物理肥力、化学肥力和生物肥力。多年化学农业耕作造成土地贫瘠化和土传病害严重，最根本的治理之道就是施足优质有机肥料。要培肥地力，保证土地可持续耕作，最主要的解决之道也是施足优质有机肥料。

有机肥功能丰富，是农作物种植的基础性肥料。但在四十多年来尤其是近二十年它却在我国被"边缘化"，这与它存在下列缺陷和问题有关。

以 NY 525—2012 为代表形成了主流有机肥料的理论、技术指标和生产工艺（表 3-1）。而这些理论、技术标准和生产工艺都存在改进之处。

理论上，它是这样表达的："有机肥料……其功能是改善土壤肥力，提供植物营养，提高作物品质。"[2]

请注意，功能之一是提供植物营养，没有提"有机营养"或"碳营养"。而所有无机肥料，都明确标示提供氮或磷或钾营养。

表 3-1　NY 525—2012 的主要技术指标

项　目	指标
有机质的质量分数（以烘干干基计）/%	≥45
总养分（氮＋五氧化二磷＋氧化钾）的质量分数（以烘干干基计）/%	≥5.0
水分（鲜样）的质量分数/%	≤30
酸碱度（pH）	5.5～8.5

这个技术指标的第一项，值得商榷，凡是亲手发酵过有机肥的人都知道：有机物料发酵前有机质含量（干基计）高于发酵后，因为发酵过程中一部分有机质被氧化（发热）变成二氧化碳排掉，也即正常发酵过程中有机质含量是下降的，用"≥"号就是逻辑错误（表 3-1）。

技术指标的第二项，"总养分"只有氮、磷、钾，没有"有机养分"或"碳养分"。这表明本技术标准没打算生产有机养分（或碳养分）。

正是由于没打算生产有机养分（或碳养分），有机肥料的生产方向就朝纯"无害化"方面推进，提出了"好氧菌高温发酵—多次翻堆—人为烘干"的生产工艺。三十多年来这种生产工艺成了全国多数有机肥厂所遵循的样板。通过以上工艺"三步曲"，把有机物料发酵过程中产生的小分子有机碳（最容易被氧化的）尽可能多的变成二氧化碳排掉。在之前已经论述过，正是这部分小分子有机碳才是速效高效的植物有机营养。而以上工艺却把它尽可能多地排掉，有机肥料就变成了一堆"无害化"的空壳。

这个标准的第二项"总养分"，只标示无机大量元素，即（N＋P_2O_5＋K_2O）≥5％。"总养分"中居然没有"有机养分"（或碳养分），更表明该标准本质上不是为生产有机养分而制订的。另外，该标准还存在以下问题。

（1）原材料的多元化和制造工艺的多样化，特别对是否合格地经过了腐熟没有界定的标准。导致有机肥有标准却难以监管，大量有机肥在使用中造成土壤污染和农作物毁伤，名声不太好。不少农户不追求有机肥，甚至怕用有机肥。

（2）"有机质"是有机肥的主要技术指标，而有机质在有机肥中应该是什么形态？它的有效性即可用性物质是什么？标准没有规定，这给一些人钻了空子，用有机质含量高的风化煤、褐煤、泥炭粉碎了充有机肥。这些材料在土壤中长时间不能分解，没有肥效。这种坑农产品也使用户失去了对有机肥的信心。

（3）因为有机肥料主要应给农作物提供有机养分，而不是氮、磷、钾养分，有机质是碳库，不是碳养分（有机养分）。但有机肥料现行标准没能提供碳养分指标。也即现行有机肥料是无法实行计量应用的，每亩（莳）施多少千克，农民完全没有数。

（4）一般有机肥肥效慢，在土地承包和转包的体制下，不少农户认为使用有机肥是"我施肥，别人受益"，因而不愿使用有机肥。

（5）一般有机肥"粗、重、臭"，难于被使用。例如山地、丘陵地、塑料大棚等运输不便之处和特种作物、花卉等，都不愿意使用有机肥。在劳动力短缺的地方，也难于应用有机肥。由于臭，有机肥进不了农资店，阻碍了其走向市场的通道。

（6）农民无法正确制作或选择有机肥。

（7）标准中的"1.5氧化系数"，陆续有学者专家出来抗议，说按此"氧化系数"计算，许多腐植酸或风化煤样品的有机质含量≥100％。

由于存在以上问题，致使我国有机肥料行业乱象丛生，严重制约了农业的发展。

第二节　有机肥的"粗、重、慢、臭"问题

不少人认为有机肥效果差、肥效低。这里有一个很顽固的观念误区，就是对有机肥的理解问题。如果按照对化学肥料的理解，肥料施下

去，营养元素立即对农作物起作用，用这种理解去指导使用有机肥，这本身就没有"吃透"有机肥的性质。有机肥是有机营养和少量矿质营养的载体，它本身就应该成为土壤的一部分，它是为了使土壤三大肥力全面提升和互相促进而进入土壤的。这些提升和作用，需要时间。

有机肥中的有机质在土壤中要转化成农作物吸收的水溶有机营养，需经土壤微生物几个月甚至几年的分解。所以要使土壤中有机肥常态化地向农作物供应有机营养，必须每茬作物都施有机肥，使有机肥的应用保持时间上的连续，就可以确保各茬农作物都能得到及时的、足够的有机营养的供给。

其次，与化肥的集中施用（时间集中、用肥点集中）相比较，有机肥作为基肥，是与大容量土壤相混合的，它要达到一定的含量水平，所需的量自然很大，例如要使土壤中有机质含量增加1%，以30cm耕作层来计算，每亩必须施入6.5t合格有机肥。

所以如果能使耕地有机质含量一直保持在5%以上这样的"丰度"，关于有机肥低效慢效的问题就自然不存在了。

还有另一个错误观念：认为使用有机肥和纯化肥相比，成本提高了。不错，肥料投资会有所提高。假如每茬农作物一共使用化肥150～200kg，就可以获得预期产量，购肥款350～460元；如果改用300kg有机肥加100～150kg化肥混用，也可获得类似水平的产量，化肥款230～340元，而有机肥款约250元，同样的产量有机肥加化肥方案多支付肥料肥约130元。这是划算还是不划算呢？其实是划算的。因为农作物更健康，病害少，农药少用了，这一项就能把多付的肥料款抵回来，更重要的是农作物质量提高了。而在培肥地力方面更获得纯化肥方案所无法相比的效果。如果土地环境条件允许，每亩每茬用1000～1200kg有机肥 $[(N+P_2O_5+K_2O)>5\%]$，就可以进行有机种植。以同等产量计，比150～200kg纯化肥多投入肥料款约500元，这是否更划不来呢？不是的，因为种出来的有机食品可以卖出更高的价钱。同时土壤还获得改善。

综合起来说明：只计算肥料眼前投资而少用有机肥或放弃使用有机肥，还是一种"化学农业"思维，是搞不好现代农业的。

普通有机肥的确存在低效慢效的问题，我们可以通过分析其原因而进一步改良它。原因主要是普通有机肥中水溶有机营养含量低。我国多位有机肥学者的研究都得出了一致的结论：即普通有机肥干物质中仅1%左右是水溶有机碳。进一步研究发现：这1%的水溶有机碳中，仅50%左右是粒径平均为800nm的小分子。也即可被植物根部直接吸收的有机碳仅占有机肥（干物质）的0.5%左右。这就是有机肥料速效性差的根本原因。

水溶有机碳含量太低，主要原因是传统的有机肥制造技术受化学植物营养学的影响，把有机质腐熟到"腐殖化"的程度，还进行高温烘干，有的还经过造粒烘干，没有给有机肥留下多少水溶有机营养。这种有机肥的"价值"是什么呢？一是它蕴含的5%左右的氮、磷、钾和没有列入指标的中微量元素，起了相当重要的"肥料"作用。二是有机肥的物理结构和化学成分改良了土壤，促使土壤团粒化。三是给了土壤微生物生长的"温床"，土壤微生物还反过来不断分解腐殖质释放出水溶有机营养和二氧化碳。这三方面综合表现了有有机肥的作用。

当我们发现水溶有机植物营养的存在和对农作物的直接作用后，不但找出传统方法制造的有机肥料肥效低、肥效慢的原因，还研究出新的生产工艺，生产出肥效更高、速效性更好的有机肥，甚至可以开发出高能高效的有机肥品种。

许多有机肥厂的有机肥不但生产过程有臭味，产品也有臭味，所以肥料经销店不愿意卖，这恰恰成了有机肥料的市场占有率低的重要原因之一。对有机肥料有臭味，很多人存在误解，以为有机肥是畜禽粪便制造的，有臭味是正常的，更有甚者，认为有臭味就有高肥效，其实有臭味是肥料没做好，有臭味未必是肥效高。实践证明：有机肥料中没有足够的小分子有机碳去"抓住"NH_3和H_2S，肥料才发臭。真正高质量、高肥效的有机肥是不臭的。

第三节　高效有机肥的"双核"

生物腐植酸的"双核"，即指水溶有机碳和功能菌。从这个意义上来说，生物腐植酸就是高效有机肥料。在氮、磷、钾含量合格的条件下，有机肥料肥效高低，就看水溶有机碳和功能菌的含量指标。有机肥肥效的决定因素是碳（C）和菌（B）"双核"。

以前的农民为什么那么看中自家的粪坑水肥？其实粪坑水肥干物质含量在5%以下，肥效物质是很少的，但是由于粪坑内有机质长时间处在好氧-厌氧交替的发酵中，分解物大部分被水所吸收溶融，这种粪水中黄腐酸含量比较高，在5%的干物质中，有30%左右是黄腐酸，其中一半是水溶有机碳，所以这种粪水肥料的速效性就很突出。

根据这个道理，可以断定：水溶有机碳含量决定了有机肥的肥效。

以水溶有机碳为主要成分的植物有机营养，除直接向植物输送有机碳外，还与化学肥料元素反应生成有机配位态的矿物质营养供植物吸收，大大提高了化肥的利用率。因此水溶有机碳的含量也间接影响了化肥的肥效。碳这个"核"发挥了非凡的"核能"。

但传统的商品有机肥生产工艺没有抓住碳这个"核"，经好氧高温发酵多次翻堆和高温烘干，走完了有机物分解的全过程：

$$高聚物 \rightarrow 低聚物 \rightarrow 小分子 \longrightarrow 二氧化碳 \uparrow + 水$$

制造有机肥，就是为了排出二氧化碳吗？水溶有机碳的缺失，是传统商品有机肥低效慢效的根本原因。

由化学肥料工程师或矿物腐植酸工程师设计的有机肥料生产线遍及我国绝大部分有机肥厂，造出来的正是这种缺"核"有机肥，这不仅是工艺的不足，更是观念的亟待更新，所造成的损失之大，难以用数字来描述。

有机肥料的另一个"核"，就是功能菌（B）。一般商品有机肥有益菌含量并没有达到生物有机肥的含菌量（2000万个/g），为什么它也有"B核"呢？因为未经高温加工的有机肥，一般都带有每克几十万级到几百万级个体的活菌或它的芽孢，它到土壤里有适当的水分和空气，又得到有机肥自身的有机-无机营养，就会以数小时繁殖一倍的速度繁衍，几昼夜就可以达到生物有机肥含菌量的水平。另一方面，就是有机肥对土壤微生物的培育作用。只要有机肥能提供水溶有机碳，土壤微生物就会生生不息的繁衍下去，这是最廉价、最有效的微生物肥料。所以经科学合理工艺加工制造的有机肥，就具备另一个生物活性特别强的"B核"。

大量应用实践证明：有机肥的双"核"是有机肥料质量的重要标志。传统的有机肥制造工艺毁掉了有机肥应有的双"核"，得到的是一堆缺乏有机营养肥力的空壳。要制造高肥效的有机肥，就必须在保留和提高双"核"方面做文章。

第四节　有机肥料质量的简易鉴别法

现在对有机肥的认识亟待统一。下面是对合格有机肥的相关解读。

（1）生物炭，是生物质炭的简称，包括木炭、竹炭、秸秆炭等，是把生物质在无氧高温的容器中焖烧，去掉（回或收）焦油及某些有价值的气体后余下的炭状物。这是一种单质碳。生物炭制品对提高土壤疏松度，创造微生物更好的生存环境和缓释化肥都有一定作用。有人把它从生物炭改叫生物碳，就充当有机碳肥了。单质碳若不是细到纳米级，是不可能成肥的，因为它不溶于水。

（2）矿物黄腐酸是不是有机碳肥？矿物黄腐酸是一大类在水溶液中分子粒径几百纳米到几千纳米的有机水溶物，如果切下几百纳米以下那部分，就类似有机碳肥了。但它是小分子、中分子和大分子混合在一起的，因此不能归类到有机碳肥。

（3）酒精、味精、酵母废液浓缩液都能溶于水，但不能算是有机碳肥。它们的分子粒径都在几千纳米范围，不可以直接当作肥料使用。

（4）有机碳肥是有严格界定的，第一，它的水溶物中，有机分子粒径在 650nm 以下的小分子有机质占溶液中总有机质的 95% 以上；第二，它的产品中"有效碳"（小分子有机质中的碳）含量必须占 5% 以上。有效碳含量大于 1.5% 小于 5% 的，可冠以"高碳"字样，叫高碳生物有机肥。而普通商品有机肥含"有效碳"仅 1% 以下。

这里介绍一种简易的办法——矿泉水瓶法，就可以不花钱快速鉴别有机肥的真假和肥效的高低。

制作方法：将待试肥料装满一瓶盖，倒入空瓶中，再往瓶内注入 2/3 体积的清水，拧紧瓶盖后激烈震荡，过 10min 后又震荡一轮，之后静置。待 6～8h 后观察上清液。若有多种肥料对比，要掌握装料量和装水量分别保持一致，见图 3-1。

图 3-1　矿泉水瓶法鉴别有机肥料质量

①—矿物黄腐酸（棕色很浓而通透性差）；②—发酵温度偏低的农村堆制肥
（棕色浓而通透性差，干样有臭味）；③—BFA 技术半厌氧不翻堆自焖干
高碳有机肥（棕色浓而通透）；④—海藻料有机肥（黄色淡而略浊）；
⑤—传统好氧翻堆有机肥（无色）；⑥—生物有机肥（清、有微生物
迹象）；⑦—生物炭粉（混悬液，久置而无上清液，更无黄色）

也可以列表以示区别（见表3-2）。

表3-2　有机类肥料性状及肥效区别表

样品类别	气味	水溶物上清液颜色	水溶物分子判断	有机肥效
浓缩有机液 干燥粉	略甜	棕色浓通透性差	微米级大中分子	多用有害
好氧高温发酵 多次翻堆又烘干	略有 臭味	极浅的灰色 有些有极淡的黄色	小分子 但含量极低	差
60℃以下堆肥	臭味 较重	棕色，略显混浊	大中分子与 小分子混杂	好，但不符合 卫生标准
泥炭或风化煤冒充	无味①	极浅的灰色，无黄色	少量大中分子	无
未发酵粪便与 滤泥混合物	臭味重	黄色较浓但混浊	大中分子为主	有害
"生物炭"粉	无味	黑色混悬液，不出黄	水不溶物	无
BFA技术堆肥	略带 菌香味	黄色至浅棕色，通透	小分子有机碳	良好

① 一些风化煤加入碳铵会有氨味。

第五节　怎样正确使用有机肥

　　有机肥是一种最古老的肥种。凡是务农者，几乎都用过有机肥，所以再介绍如何正确使用有机肥问题，似乎有点多余，其实不然。在现实的农作物施肥中，人们已经很少见到因施用化肥不当而使农作物绝收的实例，而因施用有机肥不当而使农作物绝收的情况却常有所闻有所见。这是因为化肥有标准，单位面积用量少，不容易出大事故。而有机肥虽有标准，但这种标准却不科学，更没有可计量的指标。没能解决有机肥的安全问题——是否合理科学地发酵腐熟？单位面积使用多少合适？同时许多农业从业人员又把有机肥看得过于简单，以为畜禽粪便埋进地里就是有机肥，以为有机废水灌到地里就是有机肥，因而引发许多伤害耕地、伤害农作物的事件。所以必须系统地加深对有机肥的认识。

　　有机肥的主要种类如下：

```
                      ┌ 以动物粪便为主的发酵有机肥
                      │ 以秸秆为主的发酵有机肥
                      │ 以工业有机废渣为主的有机肥
              固体有机肥 ┤ 以城镇垃圾为主的有机肥
                      │ 以水处理污泥为主的发酵有机肥
                      │ 饼肥
                      │ 植物性海肥和动物性海肥
                      │ 其他土杂肥
                      └ 矿物腐植酸类有机肥
  有机肥料 ┤            ┌ 沼液
                      │ 化粪池肥
              液态有机肥 ┤ 粪坑肥
                      │ 有机废水经工业加工转化的液肥
                      └ 植物秸秆经降解产生的腐植酸液
          └ 绿肥 ——————— 通常翻耕入土或埋送入沼气池
```

各类有机肥的制作和选用请参考如下几个注意事项。

（1）自制还是市购　如农田附近有大量有机肥废弃物资源，收集成本又比较低，应选择自制。如附近基本上没有资源，靠市购原材料来自制，不见得划算。如果自制技术不规范，所制作的有机肥不能充分腐熟，就会出现使用风险。另外，一些观光农业和生吃农产品的种植业，自制有机肥所产生的臭气和污染都有负面作用，可能会得不偿失。

（2）固液选择　一般固体有机肥和绿肥宜做基肥。液肥宜作追肥和叶面喷施肥，固体有机肥做基肥的用量，每茬作物每亩用 300～1000kg，视作物生长期和收获量而定。另外还要看土壤的质地：板结地多施，盐碱地多施，沙化地多施。在施用有机肥较困难之处，可选择少施并混合一些化学复混肥。

（3）注意防止施肥带来污染　城镇垃圾、水处理污泥和某些动物粪便，可能带来重金属和其他污染物，当选择其做有机肥的原材料时应事先将样品送交有资质的化验单位检测，堆制的有机肥产品用原料样品去检测。一切以检测结果为准，例如水处理污泥、造纸厂废液和黑泥，常常有人说"重金属超标"，其实不一定，要看其源头。纯生活区的污水处理厂老化污泥，一般重金属就不超标。多数垃圾填埋场的渗滤液重金属也不超标，经科学分解后就可用做液肥。

（4）注意物料的酸碱度　一般有机废弃物做有机肥原料，其 pH 值都在 5～8 之间，适合发酵，但有些特殊原料，例如造纸废液（浓缩），pH 值可能达到 9，而糠醛渣 pH 值可能低于 4，用这些物料做有机肥原料时，就要注意用不同酸碱度的混合物料调节 pH 值，使其符合 5～8

的 pH 值范围。

（5）是否经充分腐熟　有机物料成分腐熟的本质是物料中的大分子有机聚合物经微生物或高温酸碱液的作用而分解成小分子有机聚合物，进而分解成水溶有机碳或二氧化碳。另一点就是有充分的条件杀灭物料中的有害微生物，包括虫卵、有害菌、线虫、病毒。如果是用发酵工艺，那么高温段（60～68℃）至少维持三昼夜。判断方法有：气味，充分腐熟的有机肥，哪怕是以粪便为主料，都不会臭，最多有点淡淡的氨气味；不留硬挺的纤维状物；将有机肥样品置于透明塑料瓶中，加入50 倍清水充分混溶，经沉淀后置较长时间（24h 以上），沉淀物多、液体色浅、胀气严重者差；沉淀物少、液体色深、不胀气或胀气不明显者为优。

贾小红等提出如下几种简单实用的腐熟度鉴别方法[2]。

（1）塑料袋法（以畜禽粪便为主的堆肥）　将产品装入塑料袋密封，放置 3d 左右若塑料袋不鼓胀，就可断定堆肥产品已腐熟（未腐熟肥料会产生气体）。

（2）发芽试验法　将风干样品 5g 放入 200mL 烧杯中，加入 60℃的温水 100mL 浸泡 3h 后过滤，将滤出液取 10mL，倒进铺有两层滤纸的培养皿，排列种子（白菜、萝卜、黄瓜或番茄等）100 粒，进行发芽试验过程。另设对照，培养皿中使用的是蒸馏水，种子和发芽试验方法与上面相同。一般认为发芽率为对照区的 90% 以上，说明产品已腐熟合格。此法对含有木质纤维材料的产品尤其适用。

（3）蚯蚓法　准备几条蚯蚓以及杯子、黑布。杯子里放入弄碎的产品，然后把蚯蚓放进去，用黑布盖住杯子，如蚯蚓潜入产品内部，表示腐熟，如爬在堆积物上面不肯潜入堆中，表明产品未充分腐熟，内有苯酚或氨气残留。

有机肥的科学施肥应注意以下几点。

（1）充分认识有机肥的肥料特性，扬长避短。其长在于改良土壤、提高化肥利用率、减少病害、提升农产品品质。其短在于肥料养分（包括水溶有机碳和矿物质营养元素）含量低，肥效慢。因此最佳施肥方式是：固体有机肥与化肥混合或使用有机-无机复混肥做基肥，液体有机肥混溶化肥做追肥。

（2）注重作物施肥的物候期以及平衡施肥的原理，使肥料释放曲线尽量贴近作物需肥曲线，以收到最佳用肥效果。

（3）了解具体农作物的生殖生长与营养生长规律，掌握好施肥节奏和配肥品种，达到既使植株健壮，又多收果实的效果。

（4）施肥不能只盯着农作物，还要着眼于培肥地力、恢复和保护耕地的生物多样性。具体来说就是要使土壤松起来，蚯蚓（标志性生物）长起来，水分含量多起来，农作物的根系发达起来。所以要把施肥的概念扩宽，微生物肥、绿肥、土杂肥、海肥……多品种合理配合，就一定能做到既当季丰收又可持续耕作的良好效果。

第六节　有机肥料行业新标准该怎么订

有机肥料新标准的主要原则就必须有新时代的特色，能反映技术的进步和新时代的要求，这些应该是制定新标准的基础和前提。

在新时代有机肥料的技术进步和新要求主要体现在以下几点。

（1）搞清楚了有机肥料表达有机营养的有效物质是小分子有机碳，这种物质在形成土壤肥力、促进农作物物质积累和代谢方面，起着关键的作用。它既是农作物生长的营养物质，又是能源物质。

（2）对小分子有机碳的物理结构和化学特性的基础研究已经有了大量有成效的工作，对其检测方法也取得多方的共识。即对可水溶小分子有机碳的检测，用其中的含碳量即"有效碳"（AOC）作检测指标。

（3）"阴阳平衡"造肥方针逐渐深入人心，配"阴阳平衡肥"成了先进农民的强烈愿望。因此对有机肥料质量和技术指标精准性的要求进一步提高。

（4）随着精准施肥和信息化施肥的规模迅猛发展，液态肥料已不限于过去的叶面喷施，而是大量进入根施和土施。也就是说有机水溶肥不再是小肥种而是发展为大肥种了，液体有机肥的品种也更丰富了。

（5）我国成了"世界工厂"并将长期保留这种地位，因此大量固液有机废弃物的回收利用，是回避不了的课题，其中重要的途径就是肥料化。固液两种有机肥产业已经担负起推动物质循环，替社会打扫卫生的重任了。同时还必须规定哪些有机废弃物不能肥料化，以免扩散污染，例如农药厂下脚料或排放物、重金属超标的有机废水和污泥、重金属超标的畜禽粪便等。

（6）有机肥产业不可能再沿用旧的大量耗能和大量碳排放的工艺了，也就是说有机肥料的技术标准或指导性的条例，应该兼顾对生产工艺节能减排方面和环保方面的要求和监管。

新标准的另一个原则应该是实事求是，要宽严相济，管住该管的，放开不须管的。最大限度调动各方的积极性，解放生产力。具体建议有以下几点。

① 分档次，按物料资源的实际情况和市场定位的不同，有所严，有所宽。如表 3-3 所示。

表 3-3 有机肥料分档示意

	产品市场定位	应标明的主要技术指标
固体	土壤改良剂	标有机质含量但不设限,标重金属设限
	园林绿化用有机肥	标有机质含量但不设限,重金属限制放宽
	农用有机肥料	标有机质含量设下限,标重金属设限 标有效碳含量但不设限,标无机养分含量但不设限
	有机碳肥	标有机质含量设下限,标重金属设限 标有效碳含量设下限,标无机养分含量但不设限
	其他特种肥料	
液体	高浓度液体有机碳肥	标有机质含量设下限,标重金属设限 标有效碳含量设下限,标无机养分含量但不设限
	低浓度有机营养液	标有机质、有效碳、无机养分含量不设限 标重金属设限,用于农田湿地大桶或管道运送

② 对固体有机肥料不宜提造粒。

③ 对进入流通领域的有机肥料，含水量应规定≤25%，以保证不结块、不发臭。而对不进入流通领域，即"工厂—农户"模式，含水量可放松到≤45%，以鼓励节能。

④ 鼓励不进入流通领域的有机肥料使用大包散甚至散装。

⑤ 鼓励生产低浓度有机营养液的单位在农村设立配肥站，方便就近向农民派送大桶液肥，农户用大空桶（或小罐车）到配肥站灌肥，最大限度减少农肥的包装成本。

类似土壤改良剂、园林绿化用有机肥和低浓度有机营养液，情况非常复杂，不宜急于制定具体标准，而由农业部颁布某种《实施条例》，边引导边监管。

第四章

有机碳肥品种及其制造技术

第一节 有机碳肥的创新点

在笔者技术团队申报有关有机碳肥的几个发明专利时，科技部权威查新机构对其新颖性明确答复是：国际国内查无相同技术。

2015年11月有机碳肥项目经科技部授权单位评审，专家组在现有《肥料目录》中找不到"有机碳肥"词条，只能暂用"活性有机碳的肥料"这个词。而汇报材料以大量翔实资料反映了有机碳肥极大超越传统有机肥的高效和便捷性，让专家们都以高分给这个新肥品种定了性："国际先进，列入国家科技成果库"。以下是评审后颁发的《科学技术成果证书》（图4-1）。

图 4-1 "国际先进"科技成果证书

能让评审专家们受到震撼的，就是有机碳肥超卓的功能和创新点。本节先表述它的创新点。

① 这个新肥种是由一批创新肥料理论支撑的，或者说它是与植物有机碳营养理论共生的，这一点很重要，也很特别。没有有机碳肥的研发与应用实践，就不会产生这些植物有机营养理论；没有植物有机营养理论的指导，就不可能在短时间内制造出几个系列十几个品种的有机碳肥。

② 有机碳肥有明确的有机营养指标——有效碳（AOC），它的含量决定了该肥料的有机肥效。AOC 就是有机碳肥的计量指标。

③ 有机碳肥本质上还是有机肥料，但由于它的有效物质（有效碳 AOC）含量是传统有机肥料（包括工厂化老式工艺和农村堆肥）的 5～20 倍，这就发生了由量变到质变，使这种新型有机肥料有了明确的功能——向植物提供有机碳养分，而传统商品有机肥料就无法表达这种功能。这便实现了世界肥料发展史的一项突破。

④ 产生了一种液态的高肥力的有机碳肥。传统商品有机肥只有固态的，而农村厕肥则含水量太高，肥效很低，不可能成为商品肥。液态高肥效有机碳肥的产生，使设施农业用肥可以引入有机营养，这也是世界肥料发展史的又一突破。

⑤ 与传统有机肥料比，有机碳肥是高效的、可速效的、可计量应用的，这就使它在肥力量级上和应用规范上站到了与高浓度化肥同等水平上，使"有机-无机复混"肥成为现实。

⑥ 有机碳营养是农用微生物的"起爆"剂，只要农用微生物制剂带碳养分，它的适应性和功效发挥就大大提升，还可以把微生物造到"有机碳-无机复混"肥颗粒中，实现真正"大三元肥"，这是现今世界上肥料养分最丰富、肥效最强、功能最全的肥料之一。

⑦ 多功能性。由于缺碳病是造成农业损失最大的病害，土壤缺碳和农作物缺碳又引发一系列土壤病和农作物病，而有机碳肥又能给土壤和农作物高效快速补碳，所以显得有机碳肥可以"施肥防病""施肥减灾""施肥治伤"，还可以在土壤修复中派上大用场。

⑧ 有机碳肥产品在农业物质循环中的应用前景十分广阔。农业物质循环本质就是碳循环。碳循环的关键技术是碳转化，把大分子有机物（包括 DOC）分解为可水溶小分子有机碳，能被植物根系和土壤微生物直接吸收，不必耗能。而对这种分解最有效的分解剂就是带碳养分的微生物制剂，这使秸秆还田、固态有机废弃物堆肥和液态有机废水的资源化肥料化转化，都变得简易和有效，使农业物质循环达到少耗能、低成本和高转化率。

⑨ 对有机废弃物的回收利用和高价值转化。固体有机碳肥的原材料是畜禽粪便、食品工业废渣、沼渣污泥和分拣出的生活垃圾；液体有机碳肥的原材料是几大食品工业（酒精、味精、酵母）排出废水的浓缩液。还有那些含水率太高不适于长途运输的沼液、化粪池水和垃圾填埋场渗滤液，则可分解为无害化的有机营养液由附近农田湿地消纳，浇灌经济作物或饲料作物。

第二节　有机碳肥的主要类型和制造技术路线

富含有机碳营养（以下用"有效碳"称之）的肥料称作有机碳肥。以此为基础，把有效碳含量介于普通商品有机肥与有机碳肥之间的称作高碳有机肥。而把加入无机营养和微生物的再分别加上"无机"和"生物"字样，这就可以分出归类于有机碳肥的多种品种（见表4-1）。

表 4-1　有机碳肥各品种分类

类型	有效碳含量/%	加无机养分	加功能菌	品名
固体	$1.5 < AOC < 5$	—	—	高碳有机肥
固体	$1.5 < AOC < 5$		$\geqslant 2 \times 10^7$ 个/g	高碳生物有机肥
固体(造粒)	$3 < AOC < 5$	$(N + P_2O_5 + K_2O) \geqslant 12\%$	$\geqslant 2 \times 10^7$ 个/g	高碳生物有机肥
固体(造粒)	$AOC \geqslant 5$	—	$\geqslant 2 \times 10^7$ 个/g	有机碳肥(粒粒珠)
固体(造粒)	$AOC \geqslant 10$		$\geqslant 2 \times 10^8$ 个/g	有机碳菌剂
固体(造粒)	$AOC \geqslant 10$	$(N + P_2O_5 + K_2O) \geqslant 25\%$	$\geqslant 2 \times 10^8$ 个/g	有机碳无机复混菌肥
液态	$AOC \geqslant 13$			液态有机碳
液态	$AOC \geqslant 10$	加氮磷钾或微量元素	—	有机碳水溶肥
液态	$AOC \geqslant 13$	—	$\geqslant 2 \times 10^8$ 个/g	有机碳菌液

制造有机碳肥的原料，除了极少量的添加剂和催化剂外，母料均来源于固液有机废弃物。这样在制造高效速效有机肥料的同时，也就完成了农业物质循环。这是向祖先传承下来的循环农业引入"碳"和"菌"技术，将其提升到高效化信息化的历史新高度，见图4-2所示。

除了有机废弃物，还有另一种极其丰富的有机碳肥资源，就是褐煤。随着纳米加工技术的问世，褐煤有望被加工成准纳米级（几十纳米至几百纳米），再辅以适当的催化剂的作用，褐煤也可以被加工成"云团状"有机小分子，这就达到植物有机营养水平了。

当然首先要把污染环境的固液有机废弃物收集起来，加工成各种档次的有机碳肥。而且相比之下加工成本会比褐煤类要低得多，同时还帮助社会打扫了卫生。所以在有条件的地方还是应首选生物质原料。

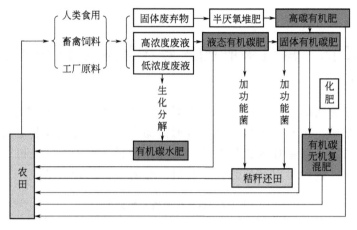

图 4-2　有机碳肥各品种制造路线及应用方向

第三节　怎样制造高碳有机肥

　　高效有机肥的实质就是高碳，称之为"高碳有机肥"。高碳有机肥的"碳"，指的是植物碳营养里的碳，即小分子有机碳。要使有机肥达到"高碳"，就是使肥料产品比市场传统有机肥含"碳"量明显地高。

　　既然水溶有机碳是植物有机营养的重要成分，在制造有机肥时就要刻意保护它。让此前提到的有机物分解过程适可而止：

$$\text{高聚物} \rightarrow \text{低聚物} \rightarrow \text{小分子} \not\!\!\rightarrow \text{二氧化碳} \uparrow + \text{水}$$
$$\text{(收获)}$$

　　到"小分子"为止，碳不去转化二氧化碳，而留在含碳小分子有机化合物里。这种小分子只要小到微米级以下，在几百纳米粒径范围内，就有极好的水溶性和渗透性，它就是我们梦寐以求的"植物可吸收的有机碳营养"。我们把 AOC 含量是传统工艺有机肥的 2 倍以上的有机肥称为"高碳有机肥"。有机肥中含有效碳（AOC）值就是有机肥力的标示，有效碳值（AOC）是传统有机肥的 2 倍，有机肥力就是它的 2 倍。

　　要达到这一目的，在有机肥生产工艺中就要做出重大改变。

　　（1）原材料的选用。大部分原料必须选用能更多转化出小分子有机碳的物料，也即发酵前就有较丰富的水溶物，但还达不到"小分子"级的物料。不是有机质含量高就好。有机质含量高，水溶出物也要高。所以畜禽粪便是首选。而秸秆类虽然有机质含量高，但秸秆粉只能做减水剂参与发酵而不宜做主料。

（2）控制适度高的发酵温度。以几天内温度区在 60～68℃ 为好（如图 4-3 之中温线②），而不是温度越高越好。图 4-3 是不同发酵工艺温度比较。

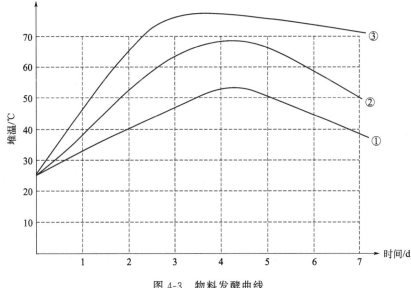

图 4-3　物料发酵曲线

高温线③是不合理发酵，物料有数天温度超过 70℃，表明物料"燃烧"（即小分子有机质氧化排出大量 CO_2），肥料的肥力损失较大。造成超高温的原因主要是使用了"好氧菌"，它需要氧气多，而氧气多又造成小分子有机碳快速氧化发热。还可能是物料太蓬松，含氧量太高。这就应该改善配方，加些细密性的含水略高的物料。如果没有条件改变配方，可对堆料进行适当的拍压。

低温线①是发酵失败，物料温度始终没能突破 55℃，这使物料不能充分腐解和除臭。原因一般是含水率太高，或者使用了太多细密性物料（例如污泥）。另一种原因可能是物料总有机质含量太低（例如塘泥沟泥）。还有一种可能是环境温度低于 15℃ 却未采取有效的保温措施。当然发酵剂质量也有待提高。

中温线②是合理发酵，有 3～4d 温度在 60～68℃，使物料有足够的时间腐熟，但又没出现超高温，因而小分子有机碳氧化不严重，可保留较多的小分子有机碳。无臭肥效高。

（3）利用特殊发酵剂和适当建堆高度（不超过 1.1m），造成发酵过程不必翻堆。

（4）利用生物能和自然风，建高堆焖干，不必机械加热烘干。

（5）无特别需要不造粒。

目前能达到以上生产工艺的，在国内仅用BFA做发酵剂才能达到，因为这种有机肥发酵工艺是以生物腐植酸（BFA）作发酵剂，我们称之为生物腐植酸发酵技术。BFA本质上是小分子有机碳与复合菌的天然混合物。生物腐植酸发酵工艺与传统有机肥发酵工艺比较见图4-4。

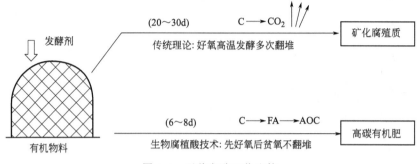

图4-4　两种发酵工艺比较

两种发酵技术本质的差别是：发酵有机肥是要得到矿化腐殖质，还是要收获碳肥加微生物即双"核"？生物腐植酸发酵技术推翻了传统的有机肥发酵理论，走自己创新的路。

生物腐植酸有机肥制造技术另一个要点是：摈弃了传统的高温烘干工艺，利用自然风和生物能干燥发酵物，最大限度保持了水溶碳和微生物的活性，从而独创了有机肥节能"焖烧"的干燥工艺（图4-5）。

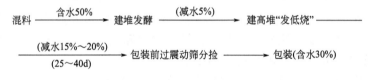

图4-5　生物腐植酸有机肥发酵的减水（干燥）过程

从进料到包装几个工艺点如下。

（1）混料　在地板上一层一层地铺叠所有物料，把BFA发酵剂（按总物料的0.5%）铺在中间层。开动轮式混料机把物料混合均匀。除了各物料合理配置外，水分的掌握至关重要。要使水分控制在50%～55%范围内。轮式混料机除了混匀物料和打碎大团物料外，还能使物料在混合后达到良好的含氧量。也可以用其他大型混料机。

（2）建堆　用铲车把混合后的物料铲去建堆，堆高1～1.1m，宽长不限，每日建堆与前一日的料堆紧贴着，以减少散热面。

（3）适当保温　建堆前 2d 是关键升温期，48h 内堆温达到 50℃ 左右，是发酵能继续的保障。所以在环境最低温度不足 15℃ 时，必须采取保温措施，一般用塑料编织布就可以。编织布与物料之间几厘米用粗糙硬物隔开以便料堆"呼吸"。北方地区环境温度更低时，应使用双层保温，里层为厚草帘，外层为编织布。在每日建堆互相挨着的情况下，只盖最新 2d 所建的堆就可以了。堆温能否升到 60℃ 以上是发酵是否正常的标志，7d 之内必须有 3d 左右堆温超过 60℃。但如温度超过 66℃ 即开始大量产生二氧化碳，应掀开覆盖物散热。

（4）建高堆"焖干"　在建堆第 8 天可以把料堆用铲车铲到另外的"高堆区"，堆高 2.5～3m。由于有余温又经 1 次铲动，物料会升温到 50～60℃，这时由于堆料互相重压，堆中含氧量少，温度不会继续上升，而堆中的微生物活动又处于较微弱状态，在相当长时间内堆温会持续在 40～50℃，这使料堆日夜不停地"焖烧"。这个温度区间正是散发出水分而不燃烧碳的温度，这就可以在最大限度保留有机水溶碳的情况下，达到物料干燥。配合这种工艺方法，厂房应尽量敞开，使空气流通，便于水汽散开。

（5）过筛包装　高堆 30d 左右，物料含水率降到 30%，便可以将物料铲入集料斗进入包装线。包装机前安装一台振动筛，把大块硬物和塑料片之类筛选出来。这个过程也会减去 3% 左右水分。细物料就从筛下被输送到包装机，包装入库。筛出的大料团不必粉碎，送回发酵混料即可。

图 4-6～图 4-9 是几幅展示生物腐植酸有机肥生产工艺流程的示意。

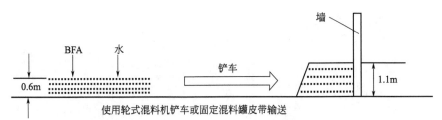

图 4-6　混料和建堆示意

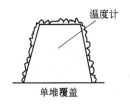

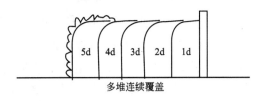

图 4-7　覆盖物使用示意

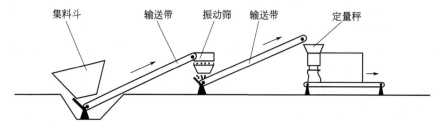

集料斗　　　输送带　　振动筛　　输送带　　　　　定量秤

图 4-8　包装线布置

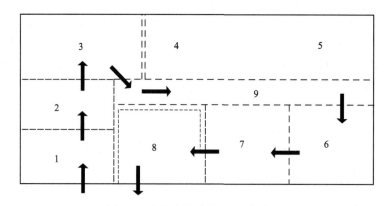

图 4-9　生物腐植酸有机肥车间布置

1—原材料区；2—混料区；3—发酵区；4—辅料区；5—高堆区；6—摊料区；
7—包装区；8—成品仓；9—机械通道；双点划线表示有隔墙

年产 1 万吨生物腐植酸有机肥，车间面积约 4000m²，主设备仅 2 台（见图 4-10）。

图 4-10　生物腐植酸有机肥车间主要生产设备

表 4-2 所示是生物腐植酸有机肥与一般有机肥的比较，除了表 4-2 显示的差别外，与传统有机肥生产工艺相比，生物腐植酸发酵剂除臭效果又快又好。在经轮式混料机来回一趟混料后，马上建堆，即使是以粪便为主的料堆也闻不到臭味。如果能做到原材料进车间马上组织混料发

酵，或用辅料（例如泥炭）加以覆盖，整个车间基本上闻不到臭气，没有蚊蝇。由于没有大规模的输送和烘干工序，整个车间少粉尘、低噪声，文明生产得到保障。

表 4-2 生物腐植酸有机肥与一般有机肥比较

项目	一般有机肥	生物腐植酸有机肥
功能菌含量	微量	几十万至百万级
水溶有机质	≤1.5%	≥3%
发酵周期	20～30d	6～8d
耗能	CK	CK/4
每吨产品加工费	200～250 元	100～150 元
设备投资	CK	CK/4
碳排放	CK	CK/3
出料率	CK	1.1 CK
肥力	CK	(1.5～2)CK
气味	或有臭味	无臭味

注：上述两种有机肥使用相同配比的原材料。

有人认为高堆焖烧占用地方太大，的确如此。没有足够的高堆区，就无法使物料后期有足够的水分自然散发空间，高堆焖烧区约占总面积的 1/4，发酵区面积也少了 2/3。另外本工艺还有一个优点：不需要太大的产成品仓库，因为巨大的高堆区就是一个半成品仓库。淡季把高堆区堆得满满的，旺季在高堆区有取之不尽的半成品，只要铲出来就可以包装了，如果要赶时间，必要时三班倒进行包装，不需把产品运到成品仓再搬出去，这实际上是节省了厂房仓库总面积，还缩短了产品周转路线。

综上所述，一个 4000m² 的厂房兼成品库，设备投资约 20 万元，可年产有机肥 1.0 万～1.2 万吨。

生物腐植酸发酵剂（BFA）还可以发酵高黏性物料，这就使有机废液浓缩液参与有机固体物料进行发酵成为可能。实践证明，每吨干物料与浓缩液（50%浓度）的比例为 1∶0.3，用 BFA 发酵技术就能正常发酵出有机肥料。这种有机肥的水溶有机碳含量可以达到 5%，是普通有机肥的 4 倍以上，这样就可以用简单办法生产出高肥效有机肥料。这无疑给糖业、酒精业、酵母业和造纸业等大型有机废水排放企业的技术改造和产业调整带来了福音。

有机物料建堆发酵能否成功？温度曲线是否能符合图 4-3 的中温曲线（曲线②）？除了使用适用半厌氧的发酵剂（BFA）外，创造良好的发酵条件也很重要。物料的选择，搭配和其他条件，请参考《生物腐植酸肥料生产与应用》一书。[3]

（1）物料的配置　物料配置要因地制宜，主料以当地大宗有机废弃物为宜，这将对生产成本带来关键性的影响。其他配料的选用应考虑几方面的作用：营养成分的补充、碳氮比的调节、酸碱性的调节、减水（有些主料含水率太高）、物料混合后的含氧功能（即蓬松度）等，同时还要顾及减少后续工序加工的难度。

表4-3是常见各种物料，适合组合的用"√"表示，或可组合用"△"表示。

表 4-3　发酵物料配置组合

主料＼配料	鲜猪粪	鲜鸡粪	鸡粪干	鲜牛粪	糖厂滤泥	干木薯渣	菌渣	泥炭	磷矿粉	锯末、秸秆粉	烟丝末	桐油枯
鲜猪粪						√	√		√	△	△	
鲜鸡粪						√		√	√		√	
干鸡粪			√	√					√	△	√	
鲜牛粪			√			√	√				△	△
糖厂滤泥			√						√	√		√
干木薯渣	√	√	√	√							√	
食用菌渣								△	△			
草本泥炭	√	√									√	
烟丝末	√				√			△	△			√
水处理污泥						√	√				√	
沼渣						√	√			√	√	
垃圾	√	√	△	√	△					△	√	

注：1. 表中未列入氮、磷、钾等化肥。在所有的配置中，都应加入1%～2%尿素，3%～5%过磷酸钙（酸性物料应改为钙镁磷肥），1.5%～2%氯化钾。

2. 使用磷矿粉时不必用磷肥。

（2）碳氮比调节　碳元素和氮元素都是发酵微生物的营养源，同时也是形成有机肥肥效的重要成分，合理的碳氮比（C/N）将使发酵过程顺利、堆温较高、发酵气味良好、产品肥效高。碳氮比不合适不但影响发酵效果，同时还有如下弊端：如果碳氮比偏高，将使肥料中的微生物在土壤中与植物争氮，使植物得不到足够的氮肥而减产；碳氮比偏低，则造成发酵过程中氨气逸出，污染环境。

合适的碳氮比是（20～30）：1。碳氮比的计算或测算方法是：将所有物料的含碳量、含氮量分别计算出来，然后按加入总物料的量所占比例计算，算出总物料的碳氮比。如果有化验条件，则可取混合后物料的样品直接测含氮率和有机质比率，再将有机质比率除以 1.724 就是含碳率，含碳率除以含氮率就是该物料碳氮比。

常用堆肥各种原料的碳氮比参考值如下：

锯木屑	300~1000
秸秆	70~100
垃圾	50~80
人粪	6~10
牛粪	9~16
猪粪	7~12
鸡粪	5~10
下水污泥	8~10
糖厂滤泥	15~20
菌棒渣	40~50
草本泥炭	100~150

（3）pH 值的调节　用 BFA 粉剂发酵有机肥对 pH 值适应范围略宽于其他常用发酵剂，一般可掌握在 pH 值为 5~8.5。生产中应首先测出主料的 pH 值，再用合适的配料去调节，使之达到上述范围。

例如某有机肥厂用造纸的纸浆废渣做主料，该原料 pH 值 9~9.3，碳氮比接近秸秆，就选用鲜猪粪做配料。鲜猪粪 pH 值 5~5.2，且碳氮比低于 15，不但可降低 pH 值，还可调节碳氮比。

常用主料 pH 值都偏低，可添加钙镁磷肥（碱性肥），既做磷肥，又可调高 pH 值。也可用 2% 熟石灰粉提高 pH 值，但应注意先混合石灰，后混合 BFA 粉，以避免石灰粉对菌种的直接杀伤。

（4）含水率的调节　发酵物料的含水率是有机肥发酵和后续加工中一个重要参数，不但直接影响发酵效果，还影响产品生产工艺和加工设备的选择，并最后表现为产品的肥效和生产成本。含水率的调节应分两段，第一段是发酵前，使物料总含水率控制在 50%~55%，这是最适合发酵的含水率。第二段是发酵后的减水阶段，尽量使后发酵物料的含水率达到 25%~30%，以便进入冷造粒和无高温干燥。

生物腐植酸肥料高肥效的重要条件是无高温加工，这是生物腐植酸肥料生产的原则。利用生物能和自然条件干燥，避免高温干燥，就保留了发酵料带来的大量功能菌，保住了黄腐酸的活性。

这里还应提出如何减水的问题。要使物料发酵前的水分减到50%~

55%可采用多种方法，一种方法是原料的预烘干，这既耗能又杀伤物料中的微生物，得不偿失。另外就是使用超强脱水机械来脱水，这种方法也不提倡，因为超强脱水的结果是把物料中溶于水的物质大部分排掉了，这将使物料丧失大部分营养性内含物，而这些排出的液体又是对环境的污染源。

有机肥生产过程的减水应靠以下两种途径。

① 用含水率低的配料减水，例如"表 4-3"中用干木薯渣和磷矿粉去吸鲜猪粪的水。

② 用部分干物料回流去减水。在大生产中，把 25%～30%的半干有机肥粉回流到混料工序，使总物料含水率达到 55%以下。

（5）料堆含氧量的控制　物料必须有足够的含氧量，才能顺利完成好氧发酵阶段，并保证此阶段物料升温到 60～70℃。影响含氧量的因素是水分、物料配置和建堆高度。

水分越重，含氧量越低；物料越密实，含氧量越低；建堆高度太高，中下层过早进入缺氧状态。BFA 发酵要求建堆 1～1.2m 高，长宽不限，不必配置通风设施。

（6）保温保湿　在孤立建堆时，应采取适当保温保湿措施，以防止寒冷季节堆温大量丧失而使发酵终止，还可防止表层太快干燥失去发酵条件。最理想的保温保湿措施是覆盖半透气性保温物料。一般可用因地制宜的土办法，如盖草帘加农膜，或用透气编织袋装秸秆粉拍扁覆盖等。

在规模生产中，基本上不需采取保温保湿措施。因为在规模连续生产中，发酵料是一天挨一天堆着，只有顶层少量暴露在空气中，料堆之间互相暖着，发酵堆能散热和散发水分的面积很少，不必要考虑保温保湿问题。北方地区四周无围墙厂房，在气温 15℃以下，就应考虑临时性在堆表面用塑料彩条布遮挡寒气的侵袭。

第四节　固体有机碳肥

固体有机碳肥适于做基肥，可替代有机肥。含无机营养的固体有机碳肥还具有替代化肥的功能，即是全营养型。

表 4-4 简明列出固体有机碳肥的使用方法。

以下用有机碳菌剂为代表说明其作用机理和使用方法。

表 4-4　固体有机碳肥使用分类

品种	主要成分含量		每茬农作物亩用量
高碳有机肥	$AOC \geqslant 1.5\%$($N+P_2O_5+K_2O$)$\geqslant 12\%$		$300 \sim 500kg$
高碳生物有机肥	$AOC \geqslant 1.5\%$	$B \geqslant 2 \times 10^7$ 个/g	$200 \sim 400kg$
有机碳肥(粒粒珠)	$AOC \geqslant 5\%$	$B \geqslant 2 \times 10^7$ 个/g	$80 \sim 100kg$
高碳生物有机肥(粒状)	$AOC \geqslant 3\%$　$B \geqslant 2 \times 10^7$ 个/g ($N+P_2O_5+K_2O$)$\geqslant 12\%$		$250 \sim 400kg$
有机碳菌剂	$AOC \geqslant 10\%$	$B \geqslant 2 \times 10^8$ 个/g	$20 \sim 30kg$
BFA	$AOC \geqslant 14\%$	$B \geqslant 2 \times 10^8$ 个/g	$20 \sim 30kg$ 发酵剂用量 0.5%
有机碳无机复混菌肥(金三极)	$AOC \geqslant 6\%$　$B \geqslant 2 \times 10^8$ 个/g ($N+P_2O_5+K_2O$)$\geqslant 12\%$		$60 \sim 80kg$(蔬菜) $100 \sim 130kg$(大田作物果树)

一、有机碳菌剂的技术指标和主要特性

　　按照国家农业管理部门《农用微生物菌剂》(GB 20287—2006) 为标准生产的菌剂，再通过一系列新工艺把高 AOC 生物腐植酸产品结合进去，就制成了"有机碳菌剂"(见图 4-11 和图 4-12)。在生产工艺中，要确保在 70℃以下干燥物料，这样才能保证微生物的活性，以及黄腐酸物质不因高温而缩合。这种产品和生产工艺已申请了专利保护。该产品主要功能指标如下：

　　功能菌≥2 亿个/g

　　有效碳≥14%

　　含水率≤10%

图 4-11　有机碳菌剂

图 4-12　有机碳菌剂产品

该产品的 AOC 是普通有机肥的 28 倍。从理论上说，其有机营养肥力应是普通有机肥的 28 倍，加上功能微生物和碳的连环叠加相互促进的作用，其对土壤和农作物产生的综合肥力，远远超过 28 倍。

实际应用验证了这种理论推演。例如 2012 年年初的毛豆试验（见图 4-13，CK 为常规管理，A 为增施生物有机肥 200kg，B 为增施有机碳菌剂 10kg，C 为增施有机肥 200kg），同等条件下，使用有机碳菌剂每亩 10kg，取得 42％的增产，而使用普通有机肥每亩 200kg，仅取得 18％的增产。

图 4-13　在毛豆的肥效试验小区

二、有机碳菌剂的功能及其机理

有机碳菌剂异乎寻常的超强肥效值得深思。这提示我们，传统的化学植物营养理论没把 AOC 肥力和功能菌（B）的作用当作肥力基础，还把各营养元素的营养作用机械化理解，这需要引起业界思考。

有机碳菌剂突出的功能表现在：超强的有机营养肥力和对其他营养元素的带动作用。从毛豆的应用实例分析，10kg 有机碳菌剂的有机肥力，仅以 AOC 计为

$$AOC_1 = 10kg \times 14\% = 1.4kg$$

200kg 普通有机肥 AOC 值为：

$$AOC_2 = 200kg \times 0.5\% = 1kg$$

可见 10kg 有机碳菌剂的植物有机营养值为 200kg，是普通有机肥的 1.4 倍，可是增产值的比例是 0.42/0.18＝2.3 倍，远大于 1.4，这就是微生物（B）和小分子有机碳（AOC）的综合效应了。

在毛豆试验中还发现一个奇特的现象：当毛豆接近成熟期，从试验田中挖取对比株（仅用化肥）和使用有机碳制剂的试验株，发现对比株的根瘤密集而细小，外表较白，且很硬实。试验株的根瘤稀疏而粗大，

外表灰暗，且已空壳。联系对比与试验的产量，可以得出如下判断：贫瘠土壤仅施化肥的毛豆，矿物质营养的利用率低，连自身根瘤内的氮营养都几乎没有被利用。这些硬实的根瘤内的氮，实际上施惠于后茬作物。而施用了有机碳菌剂的毛豆，不仅土壤中的氮得到较充分的利用，而且自身形成的根瘤内的氮也逐渐被吸收利用，最后根瘤成了空壳。这个发现让业界修正了对豆科植物利用根瘤菌的认识。人们一直认为豆科植物能通过根瘤菌吸收转化空气中的氮被自身吸收，实际上这种吸收是有条件的，这就是土壤中有足够的有效碳供给。

对土传病害的抑制力很强。有研究发现：使用有机碳菌剂类产品（BHA）"可抑制青枯病病原菌，增加作物的抗病性，延迟发病时间并较好地控制发病情况，在 CK 发病非常严重的情况下，仍能保持较好防效……更有研究表明使用 BHA 肥后可大大减少番茄灰霉病和早疫病的发生。"他们还发现："较早施入更有利于土壤微生物及时进行生态调整，肥效和防病更明显。"他们认为："若对 BHA 施用的土壤生态调整作用及对作物生理影响等方面进一步研究，改进相应的制肥和施肥技术，可为'施肥防病'这一绿色防病新途径做出贡献。"[3]

"肿根病"是多种蔬菜的常见病，这是由一类低等真菌感染所致，也有人认为是根结线虫引起的。由苗期到移栽期都易受感染。在苗床落种前几日用有机碳菌剂施于床土，每平方米用 30g，且移苗前几日还在苗坑施基肥时每亩用有机碳菌剂 10～15kg 混用入基坑，芥菜"肿根病"就基本上不发生。这就是潭兆赞等提倡的"施肥防病"。

2010 年，在北京大兴韭菜基地使用有机碳菌剂类产品，使本来因线虫为害很严重的韭菜，又恢复了生机。韭菜一兜一兜地旺长，根部生出了白白的新根。

土传病害是因为土壤严重板结，微生物多样性丧失，某种致病菌微生物在土壤中占了微生态主导地位导致。有机碳菌剂的施用在短时间内彻底动摇了病源微生物的统治，建立起土壤微生态的生物多样性，微生物大量繁殖分泌的几丁质酶、胞外酶和抗生素，裂解有害真菌的孢子壁和线虫卵壁，抑制了有害微生物的生存空间，等于在农作物根系周围筑起了一道道防御阵地，保护农作物得以正常生长。

有机碳菌剂的超高肥力和防抗病力基本原理如图 4-14 所示。

由图 4-14 可以看出，向土壤中加入少量的有机碳菌剂，其用量相当于农民习惯使用有机肥量的 5％左右，土壤各肥力元素（物理肥力、化学肥力、生物肥力）就发生了一连串急剧的变化，最终导致病原体受抑制和植物营养供给的大幅度提高。这是由于有机碳肥对土壤和农作物

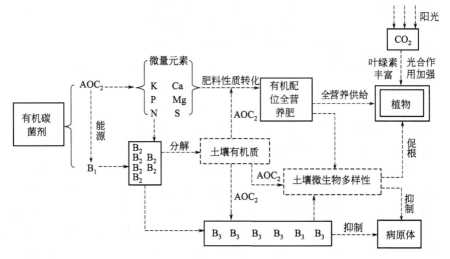

图 4-14　有机碳菌剂功能原理图示

的作用不像化学营养元素（氮磷钾等）那样线性的作用。而是多维多层面连环叠加又互相促进，起到四两拨千斤的效果。否则就不可能理解：1kg AOC 只能产生 1.724kg 水溶有机质，每亩每茬作物使用不足 1kg AOC 能产生那么大的增产效果。

　　大量实践显示，有效碳的肥力由三部分组成：第一部分是直接给植物提供碳营养；第二部分是碳营养的提高，对氮磷钾等矿物质营养的带动；第三部分是给土壤微生物提供了碳能源从而"撬动"了微生物肥力杠杆。

三、有机碳菌剂的使用方法及其意义

　　有机碳菌剂现有剂型是小颗粒型，每茬农作物每亩用 20～30kg，主要用以替代有机肥作基肥。生长期较长的农作物或果树，可在中期与化肥混合追肥 1 次，用量减半。一般不提倡减用化肥。

　　使用中注意以下事项。

　　（1）不要和化肥一起长时间用水高浓度浸泡，以免伤害功能菌。

　　（2）用作基肥时尽可能提前 5～7d 施入土中，以发挥更好地抑制土传病害的作用。

　　（3）用作基肥时可与化肥混合，也可单独使用。因用量少，单独使用时可利用地里细泥沙混合便于施用。作物种苗不可以直接种在这种基肥上，以防抑制造成死苗。

（4）追施时可用几十倍水兑成水液浇施，也可以撒在苗垄上再适量浇水令其渗入土壤。

（5）各种苗床育苗前，按每平方米用本品20～30g混入苗土。可使苗壮根强，抗寒功能提高。

（6）果树病弱株的拯救。一般黄叶衰弱株，每株用本品0.5kg兑几十倍至100倍水浇灌根部，二十多天可见显效；濒临死亡的，应在果树休眠期结束时清理根部旧土，剪去大部分侧根，再用本品1kg混合无污染新土100～200kg填入基坑后，用水灌至湿透，20～30d内可见到新芽萌发。拯救成功后，还应注意水肥养护，养护中以本品或液态有机碳肥加少量氮、磷、钾肥为宜。还可用液态有机碳肥兑水400倍喷枝杆叶片。

（7）用本品400倍液浸泡扦插苗的枝条4～8h，插后生根快，成活率高。

（8）有机种植中按每亩10kg用本品，其他有机肥可减半。

（9）因本品有少量纤维渣会堵塞孔道，如未经过细纱布过滤，不提倡用本品进行管道输送和喷施。

有机碳菌剂单位面积的用量约为有机肥的5%，约为复合化肥的20%，它可替代有机肥并适合在耕地连续使用。在下列情况本品作为有机肥的替代品：

① 丘陵山地交通不便的农田；

② 农忙大季雇不到劳动力又无机械耕作的大规模施肥；

③ 机械施肥希望有机肥与化肥同时施的情况；

④ 大棚种植不适宜运入大量有机肥时；

⑤ 土传病害和作物重茬症的农田；

⑥ 早衰症严重的果园的拯救。

经大量应用证明：正确使用有机碳菌剂，可收到显著的经济效益。

① 用于叶菜，亩施15kg，可增产20%～40%；

② 用于瓜、茄、椒、豆类蔬菜，亩施20kg加追1次液态碳肥，果实均整硕大，采收期延长，可增产40%～60%；

③ 用于根茎类土豆、淮山、薯类、萝卜，亩施15～20kg，可增产30%～50%；

④ 大豆、玉米等大田作物，亩施15～20kg，可增产20%～30%；

⑤ 香蕉亩施15～20kg，可增产15%～20%；

⑥ 甘蔗亩施20kg，可增产20%～30%，甘蔗含糖量提高1～2个百分点；

⑦ 葡萄亩施 20kg，可增产 20％～30％，果实含糖量提高 2 个百分点；

⑧ 梨、桃、苹果、荔枝、橙、柚等果树，使用本品都有良好经济效益且果树盛产年会延长，果实质量提高。橡胶树用本品，产胶量提高，盛产年龄延长；

⑨ 用于中草药人工种植，病害少，产量提高，有效物质含量提高，野生风味浓。

有机碳菌剂的使用，改良土壤，防抗病害效果明显，大大减少农药使用量，这不但降低了农产品生产成本，还提高了农作物产品的安全性，直接改善了民生。

随着有机碳菌剂生产工艺的成熟，其剂型已逐渐达到类似化肥那样的适合施用，且适合与化肥混施，其速效与长效兼顾的特性更是普通有机肥不能相比的，所以该产品必将广泛应用。

在实际应用中，要注意有机碳菌剂与普通有机肥（或生物有机肥）的不同之处：一是用量，仅相当于普通有机肥的 10％～15％，或普通生物有机肥的 15％～20％；二是使用中应注意幼苗的根部不要"种在"其上面，否则会因有机碳营养浓度过高导致幼苗受抑制而死亡，这一点它有些像化肥。这就像人类社会中某些大能耐的人"个性"特别强。

传统有机肥的产品目标是"矿化腐殖质"，腐殖质短期内是不水溶的，它不会对作物产生什么不利的影响。

这里来分析一下肥料导致作物死苗的几种现象。

化肥导致作物死苗。幼苗根系直接插入化肥中，只要略有水分或水汽，化肥表面随即溶解成极浓的矿物质盐液，这种高浓度盐液还会继续吸水，以溶化更多化肥，紧挨着的作物根部细胞内的液体都会被析出，称为"反渗透压"，根系呈灼伤状，俗称"烧根"，这是"烧死"。

未腐熟有机肥导致作物死苗。有机肥（固态或液态）未经充分发酵，其有机质呈大分子团状，进入土壤环境中，土壤微生物被"惊动"了，群起而"吃"之，但分子团太大，"吃"不了，就"肢解"之，这叫分解。这个过程大量耗氧，造成与农作物根部争氧，导致作物"闷死"，这是土壤小生态的灾难。

有机碳菌剂导致作物死苗。有机碳菌剂中有机质已呈小分子态，根系可直接吸收，土壤微生物也要"吃"它，但不需分解，可直吞而入，所以不耗氧。施用包括有机碳菌剂在内的有机碳肥产品不造成缺氧。但施用中如局部浓度太高，根系直插其中，吸收过多过快，会造成从根部吸收点到根内微毛细管"拥堵"，使其"饱死"，学术上称"抑制"。这是人类的"失手"，稍加改进即可避免。避免的方法是让幼苗根系与有机碳菌剂之间稍隔 1cm 以上的土层，或者混多倍园土使有机碳菌剂浓度稀释。出现"失手"早发现可灌水稀释即能挽救。

有机碳无机复混菌肥还实现了两个目标。

（1）化肥利用率的极大提高　如图 4-15 所示，这是一个经典的"有机碳—化肥—微生物"合体（金三极）产品，指标为：有效碳（AOC）$\geqslant$6%，$N+P_2O_5+K_2O\geqslant$25%，功能菌$\geqslant$2 亿个/g。

① 用金三极 170kg/亩，其中（$N+P_2O_5+K_2O$）42.5kg/亩，马铃薯产量 2071kg/亩。

② 用复合肥 110kg/亩，其中（$N+P_2O_5+K_2O$）52.8kg/亩，马铃薯产量 1500kg/亩。

核算结果，（$N+P_2O_5+K_2O$）养分利用率，①比②提高 71.6%。

马铃薯自然存放期：①100d，②35d。

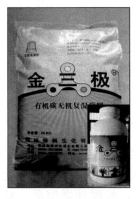

图 4-15 "金三极"在马铃薯的应用对比

（2）功能菌与高浓度化肥复混　在上述"金三极"这个有机碳肥品种中，（$N+P_2O_5+K_2O$）$\geqslant$25%，再考虑还有 6% 有效碳，这是浓度很高的肥料了。在传统高浓度化肥中，功能微生物是无以藏身的，因为微生物芽孢会因高浓度无机盐造成的"反渗透压"而死亡。正是有了大约占总重量 50% 的固体有机碳肥（有效碳占总重量的 6%）庇护了大部分功能菌，使其芽孢与化肥之间隔开而得以存活。

正因如此，使"金三极"这个有机碳肥品种体现了很浓的化学肥料的高肥力，很高的有机营养肥力，还具有最优异的微生物肥料的肥力。它一进入土壤中，微生物立即获得丰富的碳营养供给，很快就大量繁殖。0.1t"金三极"的肥效相当于 6t 普通商品有机肥加 0.8t 50% 养分的复合肥再加几十千克农用微生物制剂。

以上描述的"有机碳菌剂"和"金三极"是高浓度或复合型的高效固体有机碳肥。那么含 AOC≥5％的"有机碳菌肥"和含 AOC≥3％、($N＋P_2O_5＋K_2O$)≥12％的高碳生物有机肥则分别是"有机碳菌剂"和"金三极"的"稀释版"，它们的制造基础物料中的有机肥来自免翻堆法生产的"高碳有机肥"，其 AOC 值达到 1.5％～2％，在这个基础上再混入高浓度液态碳肥、化肥、菌剂，正如图 4-15 所示。

有不少读者给来电询问："想用猪粪（鸡粪）生产有机碳肥，能帮帮我们吗？"一般都回答：只用猪粪（或鸡粪）生产不了有机碳肥，只能生产高碳有机肥。

第五节　液态有机碳肥

液态有机碳肥主流的生产工艺，主要是用有机废水浓缩液经强氧化催化裂解而成。另外一种工艺是将高浓度有机废液与氨水混合于特制容器中，在强冲击波的作用下，两种物料中的成分发生如下变化：

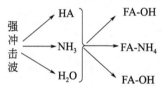

形成水溶性扩散性极强的黄腐酸铵，次生的 FA-OH 是络合化肥营养的良好"本体"，再加入适量的磷钾肥原料，经搅拌混溶后，就成为有机碳液态复混肥。这种肥料的主要技术指标为：

AOC≥8％

($N＋P_2O_5＋K_2O$)≥16％，一般 $N：P_2O_5：K_2O＝1.8：1：1.2$

这种液态肥料仅从增产的角度计，其肥效相当于同重量同比例的 $N＋P_2O_5＋K_2O$≥30％的复合化肥。该肥料主要用于管道输送施肥，解决了有机肥管道输送的难题。由于该肥种和前述液态有机碳肥的使用，管道输肥不会再走纯化肥的老路。农田板结问题和农产品质量问题都可得到解决。同理，该肥种也十分适合高尔夫草坪施用。

液态有机碳肥中的有机质部分是全水溶的，即使产品中有少量沉淀物，也可以通过沉淀桶（池）或过滤器阻隔掉，所以这一类产品有良好的亲水性，可作追肥于冲施、滴灌、水培和叶面喷施。产品中含无机养分的还可替代化肥。

液态有机碳肥的使用分类见表 4-5。

表 4-5 液态有机碳肥使用分类

品种	主要成分含量	每茬农作物亩用量
液态有机碳肥	AOC≥150g/L	3～6kg(短期作物) 6～12kg(长期作物)
有机碳水溶肥 A 型	AOC≥120g/L 有机质≥300g/L $N+P_2O_5+K_2O$≥150g/L	6～12kg(短期作物) 12～24kg(长期作物)
有机碳水溶肥 B 型	AOC≥120g/L 有机质≥300g/L 微量元素养分≥50g/L	6～12kg(冲施) 兑水 400～800 倍叶喷
有机碳菌液	AOC≥150g/L B≥$2×10^8$ 个/mL	肥效用量参照"液态有机碳" 主要用作低浓度有机废水 分解剂,用量 0.2%

在研究液态有机碳肥的应用时，首先要在用肥观念上有新的认识。正如前述，该肥种是一种高有机营养肥效的肥料，它具备类似化肥的速效性，它又不像化肥那样的"线性"功效，而是有多功能、多效应的作用。为了增产用它，为了其他目的也可用它。所以不能按使用化肥那样去使用、期待、评价。与普通有机肥相比，其不但具有高效性，还有极好的水溶性和速效性。另外一点，就是它的标准化。有机肥也有标准，但由于有机肥原材料的复杂性和生产工艺的多样化，同样"有机质含量"的有机肥，肥效会相差很大。所以往往在规定有机肥使用时，量的跨度非常大，每亩（每次）从 200kg 到 1000kg 甚至更多。这是目前任何肥料专家都无法解决的问题，更是用户头痛的问题。但液态有机碳肥只要水溶有机碳浓度达到某个百分率，其中"有效碳 AOC"达到 95% 以上，那么它在某种农作物的单位面积施用量就像化肥一样可定量，用量跨度只要考虑成本和安全性就可以了。这里提到的"安全性"，不是指对人体的安全性。它对人体是无毒无副作用的。但对于作物，尤其是幼苗，用量过大（超规定数倍以上）会产生抑制，如同化肥用量过大会死苗。

根据以上理解和实践经验，液态有机碳肥的应用要点如下。
① 重点使用方向：各类经济作物、人工栽培中草药、花木、草坪；
② 重点防灾地区的农作物：规律性（旱、涝、冻害）地区；
③ 缺碳"重灾区"：大棚种植、阴雨天气过多地区和高原草场；
④ 设施农业：与化肥一起溶于水进行管道输送和滴灌。

目前肥水管道输送和滴灌，把有机肥挡在植物营养之外。看看管道输送的配肥桶里，有白色的、黄色的、红色的，还有紫色的、绿色的，就是没有黑色或褐色的。所以液态有机碳肥及其非高温下形成的固体水溶产品，必定是把植物有机营养输送到管道中的理想产品，是设施农业不重蹈"化学农业"老路的技术保证。

⑤ 与普通有机肥的"分工"：施有机肥，是培肥地力永续耕作的基础。有条件的地方，应该坚持常用足用有机肥料。但有机肥料用量大、肥效慢，大量耕地因而少施或不施有机肥，而这正是液态有机碳肥可以与之互补的地方。所以按肥料性质来说：液态有机碳肥和普通有机肥是分工合作的同一类肥料，前者主要适用作追肥，后者适用作基肥。

⑥ 与化学肥料的"合作"：与化肥混合（成水肥）施用，也可配合先施固态化肥，后施液态（稀释）碳肥。能改变化肥的性质，提高化肥利用率。

⑦ 以根施为主，也可叶面喷施、浸种：根施讲用量（每亩用多少千克），不讲兑水倍数；喷施讲兑水倍数，不讲用量。根施一般短期作物每茬用 1 次，每次每亩 3～4kg；生长期较长的作物用 2～3 次，每次每亩 3kg；多年生作物（例如果树）每年用 2～3 次，每次每亩 3～4kg。根施兑水量以当地条件为准，可多可少。以需用量分施到各株为原则。喷施兑水 600～1000 倍，嫩苗勿浓。浸种浸根兑水 400～600 倍，浸泡时间 4～24h，壳薄勿久泡。

注意：液态有机碳肥用于营养液的无土栽培时，因碳的加入使营养液中好氧菌繁殖而耗尽氧气，从而使根系缺氧。如用其配入营养液，应对营养液实施充气，或不间断循环流动并监测营养液中溶解氧不应低于 4mg/L。

液态有机碳肥是以水溶有机碳为主要功能成分的创新肥种，它是精细化的有机营养，用量比一般大量元素化肥还少；它有切实质量标准、可计量使用，从而使有机肥料的开发和应用上升到理性的、以碳为标准的新的技术水平，为结束"化学农业"耕作模式创造了有利条件。

液态有机碳肥主要来源于有机废水。我国每年排放的有工业化利用价值的有机废水约 20 亿吨，可浓缩转化制造 4 亿吨液态碳肥，总工业产值约 2 万亿元。如果 20 亿吨有机废水全利用，将减排 COD 1.3 亿吨，或减排二氧化碳 1.8 亿吨，这是一个天文数字的环保功绩！

大量农作物秸秆和牛粪经化学降解等工艺过程也可产生液态有机碳肥，这是秸秆利用的重要途径之一，对节能减排同样有重要价值。

液态有机碳肥开发技术还为其他无工业化利用价值的有机废水的处理提供了思路。例如大养殖场的沼气池水、化粪池水、垃圾渗滤液，显然都不适合走"浓缩-活化"的工业化方式加工制造有机碳肥，但可以遵循这个思路进行二次发酵，变成以"有效碳"为主要成分的无害化水肥，这将在后续章节的案例中加以阐明。这相当于把小农经济时代的农村粪坑水肥集约化、规模化直至管道输送，成为现代化农业的一种新资源，又彻底解决大规模养殖场的沼气池和城镇化粪池污水的二次污染问题，变巨废为大宝。

以同等收获量计，每应用 1t 液态有机碳肥，可节约 1.5t 化肥。如果应用液态有机碳肥达每年 1000 万吨，可节约 1500 万吨化肥，相当于节约 5000 万吨标准煤。液态有机碳肥及类似的有机营养肥料的大量开发应用，将节约巨额的矿石能源，这不但是农业技术问题，还是国家战略问题。

有机碳肥理论框架的建立和液态有机碳肥等精细化、高效化植物有机营养肥料的成功开发，必将为肥料产业第二次飞跃做出里程碑式的贡献，从而托起一个世界性的有机碳肥产业。

随着设施农业的大规模发展，水肥一体化输送的种植面积不断扩大，指导农民用什么肥进行管道输送，是一个关系重大的问题。现将现行几种方案分列如表 4-6 所示。

表 4-6　肥料管道输送方案对比

项目	纯化肥	化肥＋腐植酸钠(钾)	有机碳液态复混肥
化肥利用率	较低	较好	好
农产品质量	差	较差	好
对土壤影响	差	较差	好
综合功效	差	较好	好

随着农业规模化、现代化的进展，施肥科学化（指阴平衡和配比合理）、自动化（指计算机控制）将逐渐成为主要保证手段，因而高肥效的有机-无机液态肥的用量将不断增加。特别是以下几种规模种植基地：橡胶、甘蔗、香蕉、茶、烟草、各类果园、棉花、玉米、水稻和中药材，以及供大城市和出口的蔬菜基地等。

上述规模种植品种可在基地中建立主液肥罐（池），液肥兑水后通过分管和支管分流到各单元地块。支管由计算机终端控制引流泵和电磁阀的开闭，将肥料和水准确无误地分配到每一株作物。这种施肥方式免去了大量辅助劳动力，并使肥料和水的利用率达到最合理状态，从而使农产品生产成本大幅度下降。同时还大量节省固体肥料的包装成本，以及这种肥料批发、分配的运力成本。现将这种模式表达如图 4-16 所示。

有机碳液态复混肥的开发应用，为农作物管理向水肥一体化管道输送解决了关键技术难点——有机质添加问题。并将肥料管道化输送在农业生产和农业现代化中的重要作用进一步凸显出来。大农业的水肥一体自动化技术是农业进步的重要标志，它具有节水、提高肥料利用率、节省劳动力和节省肥料流通成本等优点，是一项与先进科学技术同步的农业技术。有机碳液态复混肥在促进这一技术的普及过程中，将逐渐发展成独具特色的被普遍应用的肥料品种。

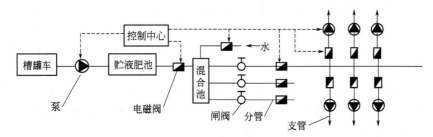

图 4-16   有机碳液态复混肥用于水肥一体化农灌示意

近年来逐渐兴起的设施农业中，"植物工厂"颇受投资人青睐，因为它立体种植，用地面积少，不受季节和气候的限制，不存在土传病害的问题，农产品干净卫生，容易进超市和餐馆。但正如本书之前提到的，我国几乎所有"植物工厂"水培营养液都没有解决有机营养的进入问题，这就使农产品"好看不好吃"。

曾把液态有机碳加入水培营养液，发现三天后水液发臭，作物根系发黑。经检测发现，主要问题是碳养分的加入提高了肥液中的碳氮比，使微生物快速繁殖起来，造成营养液严重缺氧，使根系逐渐失去活力。原来培养液中的"菌氧效应"与土壤相反。在土壤中微生物繁殖越快，土壤含氧量越多。而在水液中，微生物繁殖越快，含氧量越少。掌握了这个规律后，这里采取以下三项措施。

① 控制液态有机碳在水液中的浓度，也即控制微生物繁殖速度，也等于控制好水液中溶解氧被消耗的速度。

② 用泵。管系使培养液流动起来，回流口与液桶液面有一个落差，形成冲击增氧，使增补的氧与系统消耗的氧平衡。

③ 随时检测溶解氧。

这三项措施实行后，水培作物黑根的现象不再发生了，水液也不发臭了。事实证明：液态有机碳可以进入水培液，并使水培作物发生了巨大变化：叶片更绿、植株更壮、生物量大增、口感风味好多了（图 4-17）。

表 4-7 和表 4-8 是对图 4-17 对比试验所作的几组资料。

图 4-17　液态有机碳进入水培液对比

表 4-7　5 号水培架使用有机碳营养液 13d 移栽后 10d 跟踪数据

日期	电导率	溶解氧	pH	有机碳含量/(mg/L)	氮含量/(mg/L)	碳氮比
13	785	6.1	6.02	78	75	1.04
14	792	6.5	6.02	76	75	1.04
15	780	6.4	6.13	77	74	1.04
16	760	6.7	6.18	75	73	1.03
17	685	6.1	6.25	67	67	1.00
18	621	6.2	6.34	58	60	0.96
19	546	6.3	6.51	50	51	0.98
20	485	5.9	6.65	41	43	0.95
21	428	6.5	6.82	31	35	0.88
22	352	6.3	6.89	22	24	0.92

表 4-8　4 号水培架使用纯化肥营养液 13d 移栽后 10d 跟踪数据

日期	电导率	溶解氧	pH	有机碳含量/(mg/L)	氮含量/(mg/L)
13	720	6.3	6.02	0	69
14	708	6.5	6.02	0	69
15	706	6.4	6.06	0	69
16	695	6.7	6.05	0	67
17	685	7.1	6.11	0	64
18	655	7.2	6.24	0	60
19	604	6.8	6.31	0	52
20	548	6.3	6.38	0	46
21	480	6.7	6.43	0	37
22	423	6.6	6.51	0	27

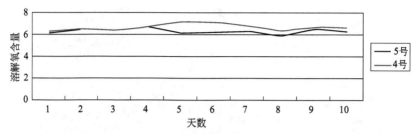

图 4-18 5 号和 4 号的溶解氧含量基本稳定在 6 以上

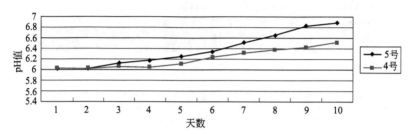

图 4-19 5 号和 4 号的 pH 值基本稳定在 6～7 之间，呈缓慢上升趋势

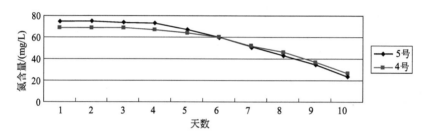

图 4-20 5 号有机碳营养液的氮消耗比 4 号稍快

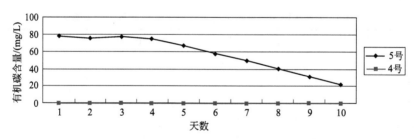

图 4-21 5 号有效碳消耗规律（5 号有机碳营养液的
有机碳含量在第 4 日开始呈逐日下降趋势，4 号不含有机碳）

从图 4-18～图 4-21 可以看出：

① 在加入液态有机碳的营养液中，有效碳的消耗量与氮的消耗量约等于 1∶1。

② 在没有补充的情况下，第四天开始碳浓度几乎呈线性下降趋势，这与农作物在缓苗后的生长期中生物量几乎呈线性增长的规律是一致的。

③ 这组试验再一次用事实证明：水溶性小分子有机碳是能被植物根系直接吸收的，如氮营养一样。

④ 本组资料中对无机营养只检测 N 含量，考虑到原无机营养液还配有磷营养、钾营养，还有诸多中微量元素无机营养，说明本书在谈到有机碳营养与无机总营养之间的比例时，推荐"有效碳"（AOC）与总无机营养的比例大体为（0.2～0.3）：1 是合适的。有机碳全营养液的配制方法如下：以原无机营养液为基础，加入液态有机碳（含 AOC 率为 13%），在该作物水培期的前 1/3 时段，加入量（即浓度）为 1/2000，此时段后将浓度升到 1/1000。

设施农业还大量应用非土壤的培养基质。如果往基质中洒入浓度 0.1%～0.2% 的有机碳溶液，就会引起植株巨大的变化：根粗秆壮，叶片宽厚，生物量明显提高，种苗或农产品的品质也大大提升（图 4-22）。

图 4-22　基质培养金线莲应用有机碳液对比

第五章

有机碳肥的
应用技术

第一节　人类施肥观念的演变

人类对土地和农作物施肥的历史，是人类对自然规律认识史的缩影。世界各地大量考古研究证明，人类农耕活动至少已经有五千多年的历史。农耕活动不是简单的野外采集，而是播种和收获。可以相信，脑智开化了的早期人类很快就意识到种子播撒在肥沃的黑土上，农作物会长得更好更多，也懂得适当施用人畜粪同样能使庄稼长好，当然也吃过使用鲜粪使农作物受伤害的亏，于是简易有机肥的堆肥技术就应运而生。所以人类农耕时代的初期堆肥与播种是相伴而生的，否则任何一个部落只播种不施肥是难以养活族人的，特别是在无猎可狩的平原地区。由于漫漫几千年农耕形式没有发生质的变化，这种有机肥堆肥形式的造肥用肥技术就成了支撑五千多年农业文明的重要基础。

以有机肥为肥料，从"土壤肥力阴阳平衡动态图"看就是肥料配比处于该图下端，阳衰（有效弦段很短）阴盛，有机碳营养再丰富也只有那段与阳区有效弦段等长的阴段起作用，所以农作物必然低产。之所以"阳衰"，主要是由于施入的肥料都是农家肥，其氮磷钾营养含量普遍在 $3\% \sim 4\%$。而这些微薄的无机养分真正被当茬作物吸收的就更少了。当然土壤中固有的矿物质经根系分泌物侵蚀也会分解一些无机养分，但这属于原生态的"慢活"，与人类对作物生长速度的追求低了很多。既然无机营养浓度太低在农作物物质积累"按比例组合"规律的作用下，就决定了纯有机种植是低产的。

随着西方工业革命的发展，化学工业的理论和实业也发展起来，人们逐渐发现并定量地分析出组成植物成分的十几种化学元素。一些科学家就开始尝试用工业生产的方式制造植物所需的化学营养。当时是把 C、H、O 设定为从自然界取之不竭的，没有人想过制造碳肥，而 N、P、K 等无机营养通过工业生产以富集的形式施入土壤，就解决了无机养分稀薄的问题，农作物产量迅即得到大大提升，人类的农业生产逐渐进入"化学肥料"时代。这个时代的世界性标志性人物就是德国的化学家李比希，他在 1840 年编写了《化学植物营养学》一书，奠定了植物无机养分理论和化肥工业的基础。

化学肥料工业的迅猛发展，使农作物吸收无机营养变得容易而快捷，世界大面积农作物单产普遍大幅度提升，世界进入化学农业耕作的鼎盛时代。但由于国情的不同，也由于务农人员的文化素养水平的差别，世界上农业出现了如下四种流派。

一种是以美国、西欧和澳洲大农场为代表的发达国家的现代农业，普遍存在大农场兼营养殖业，自然形成了种养结合和秸秆还田的农田沃土机制。他们在经历了对土地滥施化学农药的短暂痛苦后能较快调整过来，以轮作、休耕和培育生物多样性等措施，使现代农业没有循着完全"化学化"的道路上走下去，而走上理性的农业与生态平衡发展的道路。

一种是以亚洲部分国家和我国台湾地区为代表的精细农业，他们重视保护和补充土壤有机质，通过农业微生物技术、酶技术、高效地转化农林牧有机废弃物沃土肥田。多年的坚持并成为农作人员的日常"功课"，一代人一代人地传下来，土地有机质含量不降反升，这种情况下使用化肥，对土地不但无害反而有益，一种高效有机农业产生了！

一种是以荷兰、以色列为代表的精细设施农业，他们通过现代化设施，把农作物种植与大自然隔开，高效利用土地和水资源，使农作物生长处于理想的肥、水、光、温控制程式之中，把化学农业耕作导入工厂化管理，形成了趋利（高产优质）避害（化肥超量农药残留）的农业发展模式。

一种是我国大多数农业区为代表的实行了近四十年的几乎纯"化学农业耕作"模式。这种模式普遍存在如下四种现象：种养分离、单施化肥、不搞秸秆还田和依靠化学农药防治病虫害。这就导致土壤生态阴阳失衡，土壤有机营养被掠夺殆尽，土壤微生物群系凋零，更谈不上生物多样性了。据国家有关部门统计，我国耕地有机质含量平均仅为2.08%（2015年数字），也就是说有数亿亩耕地有机质含量跌到1%以下，这些地方的农民相当于是在荒漠上耕作！由此而来的是化肥利用率低，因为农作物收获规律是在"土壤肥力阴阳平衡动态图"的上端区，农作物产量低、质量差、口感不好，而农药残留和重金属超标等问题已成为国之大害民之所痛。

由上述可见：化学农业耕作时代，我国选择了一种最低劣的农业技术路线。现在全社会普遍认识到了这个问题。但如何终结这种技术路线？可从世界上其他农业模式中找到参照，但还要依国情和我国农业文明的传统，创造出后"化学农业耕作"时代的新模式。这种新模式的施肥方案应具备以下要素：

（1）摒弃纯化学肥料的施肥方式，构建以优质有机肥为基肥，以化肥为追肥，以富含有机碳营养的各类新型肥料为"植物维生素"的多元施肥模式。

（2）推行秸秆还田，绿肥等措施。一次秸秆还田（加入有效腐解剂）相当于每亩耕地施入 2t 有机肥，土壤有机质含量可提升约 0.3 个百分点。保障对耕地有机质的补充。

（3）种养结合，利用微生物技术和有机碳分解技术，形成养殖固液有机废弃物与农作物下脚料乃至生活污水混合发酵的造肥机制，就地取材就近还田，确保土地以低成本获得永续耕作的不竭动力。

由于我国人口众多，难以实行美国式少数人务农养活大多数人的农业结构，更不能实行以设施农业为主体的农业模式，应该既借鉴发达国家种养结合的农业结构，充分利用我国巨量的有机废弃物资源和腐植酸资源，同时不拒绝化学肥料，形成有中国特色的"土洋结合"、"借古通今"的造肥用肥技术体系，造就我国可持续发展的阴阳平衡和高效绿色的大农业。

第二节　肥料体系"阴阳平衡"的真义

何谓土壤肥料的"阴阳平衡"？从字义上理解，"阴"即阴柔、温和，"阳"即阳刚，猛烈。因此很适合用"阴阳"比喻肥料体系中的有机养分（阴）和无机养分（阳），就类似阴阳太极图中的阴面和阳面，而氢和氧（H_2O）则是图中的"S"线。没有它，阴阳不能结合。无机养分就是肥料中所有矿物质养分的总当量，通常用（$N + P_2O_5 + K_2O$）来代表，它是矿物质养分中的绝对大值（图 5-1）。

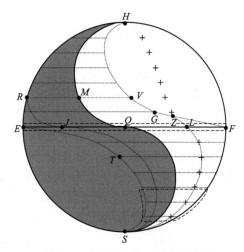

图 5-1　土壤肥力营养平衡动态图

有机养分是指植物所吸收的有机碳营养，包括叶片吸收二氧化碳光合转化的碳水化合物（糖类）和根部吸收的小分子有机碳。正如前文所述的植物碳营养"二通道"的关系，光合转化的碳营养与根吸碳营养实际上存在某种函数关系，所以就可用根吸碳营养代表植物获得的全部碳营养。而根吸碳营养中的有效碳（AOC）就可以作为"阴"的计量指标。由此就可以建立以有效碳（AOC）代表"阴"，以（$N+P_2O_5+K_2O$）代表"阳"的植物养分"阴阳太极图"。

以图中的水平阴段与阳段相等长代表"平衡"，而直径即最长的弦就代表肥料营养阴阳最平衡最丰足。这里讲的"等长"不是质量相等，而是通过公约数相等。

如果以图5-1阴阳太极范围内的弦的阴段和阳段等长并相加的"有效弦长"代表农作物产量，在假定无机营养之间的比例合理的情况下，农作产量就在 H-R-E-T-S-F-Z-G-V-H 范围内。在此范围内的 E-F 线以上部位，"有效弦长"受阴面所制约，越往上移，阴段弦越短，"有效弦长"也就越短。这可解释为什么越贫瘠的土地化肥利用率越低，农作物越低产。在此范围内的 E-F 线以下部位，"有效弦长"受阳面所制约，越往下移，阳段弦越短，"有效弦长"也越短。这可解释为什么不施化肥的"有机种植"产量低。

如果无机营养出现了某元素"短板"，就是图中的"＋"号所标示的。这种情况由于"阴阳平衡"规则的作用，就出现了"隐性短板"和"显性短板"两种现象：在"阴衰"区，可能由于"阴段弦"过短严重制约农作物产量，而某无机元素"短板"效应不会显示出来，这种"短板"就是"隐性短板"；而在"阳衰"区，本来制约农作物产量的就是无机营养，再出现某无机元素"短板"，代表农作物产量的"有效弦长"又打了折扣，就缩到"L"与"S"之间水平线与"＋"交点阴段的2倍而已。这就是无机营养某"短板"显示了对农作物产量的制约作用，为"显性短板"。所以在出现"短板"情况下，农作物产量就被限制在图中 H-R-J-S-L-Z-G-V-H 范围内。

根据此图还可以论证出以下几点。

（1）施肥应阴阳平衡，才能最大限度提高化肥利用率。在此基础上达到科学、丰足的境界，农作物就能达到其 DNA 所决定的最高产量 W_0。这个产量区间在 E-F 线附近，如图5-1中两条虚线之间的窄形带。

（2）科学有机食品的含义，是无机营养被足够的有机碳所充分组合成有机质，所以图中 EF 线以下的所有区段的农产品，都是"有机食品"。也就是说在保证化肥施用量不超过有机碳营养所匹配的量的情况下，都可以生产出有机食品。也即是说在这种思维指导下，可以生产出高产的有机食品。而传统的"有机食品"以排斥化肥为必要条件，相当于在图中下端的虚线区，注定是低产的。

（3）提倡"平衡施肥"，首先要关注的是"阴阳平衡"。从图5-1可看出，"阴阳平衡"是主平衡，无机养分之间的平衡（木桶法则）是次平衡。在阴阳明显不平衡的情况下，讲无机养分之间的平衡实际意义是不大的。

（4）目前见到的各类农田的作物产量，绝大多数远离图中水平直径附近的虚线区，其单产实际上比 W_0 少得多。抓好阴阳平衡而丰足的施肥，农业产量是有极大上升空间的。在"有机碳肥加化肥"合理配比的施肥后，农作物呈现令人震撼的丰产现象，西兰花一株先后采三朵，玉米收双棒，大棚菜椒、茄子等获得比常规增收一倍以上的案例就更多了。这些例证都表明各种农作物都有它的理论最高单产值 W_0，善用有机碳肥技术，探求这个 W_0，将带来不断的惊喜。

（5）经科学试验探索出某种农作物的理论最高单产值 W_0 后，就可以预测该农作物在其他土壤和施肥条件下的产量，以图 5-1 中 R-M-V 段为例，其单产 W 与理论最高单产值 W_0 的关系式是：

$$W = W_0 \frac{RV}{EF} = W_0 \frac{2RM}{EF} \qquad (5\text{-}1)$$

图 5-1 和式(5-1)，就可以视为农作物产量与施肥之间的数学模型。那么怎样认定施肥是否达到"阴阳平衡"呢？根据根吸有机碳营养与光合作用之间的"四两拨千斤"作用原理，土壤中能提供给农作物的有机碳营养（以有效碳 AOC 为指标）与 NPK 养分（假设比例合理）之间的关系，可参考如下经验公式：

$$AOC/(N + P_2O_5 + K_2O) = 0.2 \sim 0.3 \qquad (5\text{-}2)$$

公式(5-2)可以在配肥时用。一般有机碳肥产品在标签上都会注明"有机碳养分"或 AOC，从（$N + P_2O_5 + K_2O$）算出 AOC 值，再把该值除以标签显示的 AOC 含量的百分比，即可得出该品种有机碳肥的用量。如果使用普通有机肥，则按其 AOC 含量为 0.5% 计算即可。是取 0.2～0.3 区间多大值合适，主要看土壤有机质含量，或底肥是否施了有机肥。有机质含量高取低值，有机质含量低取高值。

如果肥料厂制造"有机碳无机复混肥"建议取 0.25 系数。

第三节　配制"阴阳平衡"新型肥料

"阴阳平衡"肥是原生态的"肥料原生态"。当然不应该回到这种虽合理却低效的水平。但此配肥原则是确保食物健康，生态平衡和可持续耕作的"天条"，不可以违背。

配制"阴阳平衡"肥，要以有效碳（AOC）为计算依据。因为只有"有效碳"才是可计量的有机碳养分，而一般有机肥或其他更精细的有机质肥料，没有"有效碳"指标，就难以确定它与化肥营养之间是否达到平衡关系。例如一些用普通有机肥与化肥混合造粒的"有机-无机复混肥"或者有机（造粒）与复合化肥（造粒）加上农用微生物，混合而成的BB肥自称为"大三元"肥，由于其有机部分是粗制有机肥，根本提供不了足够的"有效碳"。

以下通过三个层面论述"阴阳平衡"肥的配制。

一、有机肥料厂配制"阴阳平衡"肥

正如前述，现在我国大多数有机肥料厂执行的是 NY 525—2012 的行业标准，根据传统有机肥理论，实行好氧高温发酵多次翻堆高温烘干工艺，有机肥料成了有机碳营养极为稀缺的"空壳"，而且也不存在可以检测有机碳营养的标准。所以用它配制"有机-无机复混肥"是不可能达到阴阳平衡的。粗浅地说，这种复混肥中的化肥是精细高效的，而有机肥则是粗糙而低效的。

要以有机肥料为基础配制出"阴阳平衡"肥，首先要制造出含有效碳比较高的有机肥料，称之为高碳有机肥。或者在复配时再加入含有效碳更高的有机碳肥。其工艺方法如下：

以上工艺中的干燥措施，如果烘干，要注意使用适当的烘干机，使物料温度最高不超过90℃。对于小型工厂而有条件的地方，建议只把烘干机作为备用，而多采用场地晒干的方式，因为半机械化场地晒干既节能，产品质量更好，加工成本更低。

采用以上工艺，可生产出 AOC≥3%，（N+P$_2$O$_5$+K$_2$O）≥12%或者 AOC≥6%，（N+P$_2$O$_5$+K$_2$O）≥25%等档次的有机碳无机复混肥。这类肥料确保 AOC 含量与（N+P$_2$O$_5$+K$_2$O）含量的比例约1:4，是理想的"阴阳平衡"肥。其高效包括有机碳营养高，即有机肥力高，而无机营养的利用率也大大提高。以 AOC≥6%，（N+P$_2$O$_5$+K$_2$O）≥25%为例，这种肥料1t，其肥效（价值）相当于6t普通有机肥料加上约 0.8t 高浓度复合化肥。

值得一提的是：有机碳无机复混肥解决了功能菌进入高浓度肥料中的难题。众所周知，微生物是惧怕挨着高浓度化肥的，更不要说被造到同一颗粒中了。但有了有机碳及其载体的庇护，微生物大部分不接触化肥，他们会以芽孢的形式存在于肥料颗粒中。进入土壤后随着肥料颗粒的崩解，微生物就在土壤中迅速繁殖。由此就可制造出真正意义上的"大三元"肥，本书介绍的"金三极"便是。

二、化肥厂配制"阴阳平衡"肥

肥料工业化生产呈现阴阳分离和阳盛阴衰，是由于人们认识滞后造成的，也就是对植物有机营养来源认识的错漏。所以现在就要纠正过来，不把庞大的纯化肥工业看成是必然的正确的，而要从两条肥料线路上进行改造，向着同一个目标推动。

一是化肥产业技术改造，把适合与化肥复混的小分子有机碳物质加进去，生产"有机碳-无机"复混肥。二是在有机碳肥生产中加入适当的氮、磷、钾等无机养分，生产富含无机营养的有机碳复混肥。这样就可以利用我国大量丰富的固液有机废弃物和褐煤资源，每年数以千万吨计地生产多种剂型，不同养分浓度的"阴阳平衡肥"。这种新型肥料产业的出现，一方面给农民提供既能快速提供养分又能改良土壤的多功能绿色高效肥料，农民再也不会做长期单施化肥的蠢事了。另一方面又可拯救产业结构极不合理的化肥工业。

化肥厂配制"阴阳平衡"肥，是化肥企业重获生机的主要途径，是我国化肥企业结构改革的方向，也是新时代中国特色大宗肥料商品的发展模式。

化肥企业配制"阴阳平衡"肥，要遵循以下原则：

（1）获得适用于各类化肥生产工艺的适当的有机碳肥品种。

（2）尽量使 $AOC：(N+P_2O_5+K_2O)=1：4$。

（3）避免使物料温度超过 $90℃$。

以下为一些例子。

制造"有机碳尿素"：在融溶尿素流转中的某个环节加入有机碳肥微粉，再进入离心喷粒头，经高塔形成"棕色尿素"颗粒肥。

制造 $AOC-(N+P_2O_5+K_2O)$ 复混肥：在三元复合肥造粒时加入液态有机碳作黏合液，成粒后再进入烘干机。

化肥厂硫酸铵尾液的利用：加入液态有机碳肥并适量加入水溶性磷

钾肥，配制成有机碳无机液体肥。

还有许多配制方法，相信化肥厂的工程师们会一一破解形成新的工业生产工艺。

这里要提出一种可与化肥很容易复混的有机碳资源——褐煤。这是我国储量极大的矿产。褐煤是低热值煤，当燃料不合适，但其有机质含量很高，如果把它加工成准纳米级且内表面积很大的水溶小分子，它就会产生有机碳肥的功能。而一旦制造出"褐煤有机碳肥"，它将是大宗化肥最好的伴侣。它与现有大宗化肥联手，可以创造世界肥料产业的新纪元，我国将成为肥料产业"阴阳平衡"和高效可持续的肥料强国。

综上所述：建立起以碳养分为母体的"阴阳平衡"肥料产业体系，才是我国肥料工业生产和农业可持续发展的长治久安之策。

三、农户自配"阴阳平衡"肥

所有农业从业者都盼望得到自己的"理想之肥"。根据此前大量论述和生产实践的需求，这里为大家给"理想之肥"列出以下几条标准。

① 有机营养和矿物质营养兼容；

② 有机和各无机营养元素含量比例恰当；

③ 发挥农用微生物的作用；

④ 因地制宜充分利用当地资源以降低用肥成本；

⑤ 适合土地条件、输送条件和种植形态条件；

⑥ 速效长效兼顾、减少施肥次数；

⑦ 有利于农业生态良性循环。

按照以上条件衡量，就能对目前的常用肥料品种做出评判，论其短长，以减少用肥的失误或盲目性。

农业是一个十分复杂的体系，对于农户来说，他们从资源或成本等因素考虑，常常会寻觅自己的"理想之肥"。应该给他们提供更多的思路。那么什么是"理想之肥"呢？这里要引用一句俗话，就是"萝卜白菜，各有所爱"，要根据土壤、农作物、水源，还有农户对投资成本的预算等因素，以及用肥的目的，是做基肥还是追肥，是促根还是保果等，还有农业设施条件和规模、劳动力因素等，最后才能判定在什么条件下，用哪种肥最合理、最高效、最"理想"。但在此要再次提醒：本节开头提出的六条标准，是选择"理想之肥"的重要参考。更新理念，因地制宜，培肥地力，改善生态，科学用肥，才能用好肥，获得好收成。在具体用肥方法上，提出以下方案供用户参考：

$$\text{基肥} \xrightarrow{\text{选择方案}} \begin{cases} \text{农用微生物菌剂+有机肥+复合肥} \\ \text{有机肥+复合化肥(包括缓控释化肥)} \\ \text{生物有机肥+复合化肥(抑制土传病害、板结土壤)} \\ \text{"大三元"肥} \\ \text{"固体有机碳肥"+复合化肥(抑制土传病害、劳力短缺)} \\ \text{秸秆添加腐熟剂+化肥(翻耕入土)} \\ \text{自制农家肥+化肥} \end{cases}$$

$$\text{追肥} \xrightarrow{\text{选择方案}} \begin{cases} \text{化肥} \\ \text{液态碳肥} \\ \text{液态全营养肥} \\ \text{经二次发酵的沼液、化粪池液} \\ \text{农家粪坑肥} \end{cases}$$

按以上方案配肥施肥，便能基本上保证肥料的"阴阳平衡"。

叶面喷施则应根据作物物候期和特定农艺目标而选用市售不含激素的叶面喷施肥。植物生长调节剂（激素）在某些作物的特定物候期适当应用，必须严格按产品使用说明做。

农户配肥用肥还应牢记养地的任务。养地要注意五"不"和五"要"。五"不"为：不长期偏施化肥，不使用未经腐熟的生粪便，不使用未经有效分解的有机废液，不使用除草剂，不使用重金属含量超标的肥料。五"要"为：要注重常态化应用优质有机肥（或有机碳肥），要注重秸秆还田或绿肥还田，要采取提高化肥利用率的施肥技术，要采取给土地增氧的措施，要培育园区生物多样性。

养好地，用好肥，是农业丰收和生态平衡的基础条件，做有农业文明素养的农民，就应该从五"不"和五"要"做起。

第四节　有机碳肥的使用目的与土壤修复

一、使用目的

根据有机碳肥的功能和作用机理，可以用如下简单分层次的表达方式说明有机碳肥的使用目的。

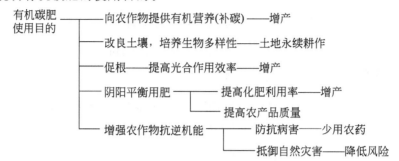

二、土壤修复

土壤是万物之根。对人类而言，土壤不但为我们提供农作之地以收获五谷庄稼，即发挥经济功能，而且为消纳大量生产生活产生的废弃物，又为地表提供"青纱帐"吸纳大量二氧化碳，还有涵养水分减少水土流失，这些就是土壤的生态功能。

土壤为什么要修复？这是由于人们长期不科学地片面追求经济功能，追逐短期经济效益，造成土壤元气大伤，不但使土壤的经济功能不升反降，而且大大损害了土壤的生态功能。这种情况在我国大部分农业区持续了约四十年，土壤到非休养生息恢复元气不可的地步了，于是全社会达成共识：必须在现阶段完成"土壤修复"的历史使命。

土壤修复的主要目标是：给贫瘠化的耕地补充碳营养，使之达到肥沃土壤的水平；对受污染或严重酸化和盐渍化的耕地进行治理，使之恢复经济功能和生态功能。

土壤修复绝不是单靠人为的外部干预，其实应该优先考虑和依靠土壤的自我修复功能。这是最科学最经济合理的修复。当然，土壤自我修复能力也要靠人类的努力来维系，也就是说要通过人为干预，实行促进和扶助措施，帮助土壤形成强大的自我修复功能，这是土壤修复的最高境界和长远之策。

土壤修复课题十分复杂，包括污染源及其控制，针对各种不同的污染物采取多种治理措施等，这里只是仅仅对土壤修复中有机碳肥的应用进行探讨。

首先研究有机碳肥对板结土壤的改良。请看以下三条曲线关系图（图 5-2）。

图 5-2 为定性关系图。土壤容重低，说明其结构较为疏松通气。土壤

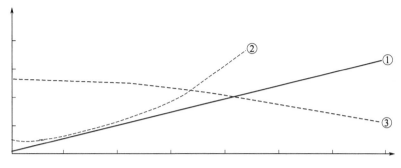

图 5-2　土壤有机质、活体微生物、土壤容重关系示意
①—有机质含量；②—活体微生物；③—土壤容重

不板结的根源在于土壤中活体微生物丰富，其大量繁殖和活动导致土壤疏松。这是解决土壤板结问题的理论依据。土壤有机质含量越高，其提供的可被微生物做碳能源的小分子有机碳就越多，微生物生存条件越好，因此土壤微生物的大量繁殖和土壤容重的下降，便是顺理成章的了。

据测算，在不补充有机质的情况下，以每年种两茬一般农作物计算，土壤每年有机质含量下降 0.05%。也即有 0.05% 的小分子有机质被消耗，这相当于每亩被消耗掉约 50kg 小分子有机碳。如果给板结土壤施以高效而速效的有机碳肥，那就不需要在一年中去补给那 50kg 小分子有机碳，而是短时间内补给更少，例如 10kg 左右，土壤微生物便会繁殖得更快更多，板结的土壤几天内就能疏松。在实践中已多次证明了这一点。

可见施用有机碳肥，是改良板结土壤最快捷有效的措施。

土壤修复的另一重大课题是土传病害。大部分土传病害皆因土壤贫瘠化或酸化，导致土壤自我修复能力——即"土壤免疫力"的下降，从而使土壤中大量致病微生物不受制约地繁殖和为害。所以从根本上讲，土传病害是土壤微生态形势逆转造成的。微生态形势逆转又源于土壤气相的不正常以及由此形成其他因子的连锁反应。请看以下几种土壤因子关系图（图 5-3）。

对土壤微生态形势起影响作用的因子是土壤含碳量（可用有机质含量标示）和含氧量。含氧量丰富有利于有益微生物生长繁殖，逐渐形成有益微生物的优势群体。这样微生态世界的"优势压制"规则便起作用了：有害群体受到抑制而处于低微的生存状态中，它对农作物的危害作用便降低到可以忽略的程度。这就是有机碳肥对土传病害土壤修复的原理。多年实践证明，常态化施用有机碳肥的农田，青枯病、炭疽病、镰

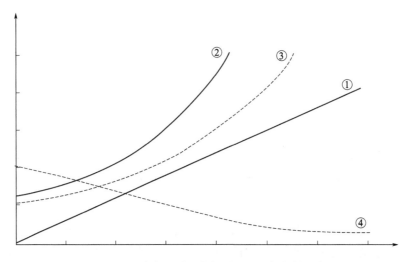

图 5-3　土壤有机质、含氧量及微生物态势示意
①—土壤有机质含量；②—土壤平均含氧量；③—有益菌量；④—有害菌量

刀菌病、黄萎病甚至重茬症和根结线虫病等土传病害很少再发生。有的
农民承包了被弃置的病地，在笔者技术团队指导下，通过施用有机碳菌
肥和秸秆还田等多措并举，获得了连年大丰收。

　　土壤酸化是我国南方许多农业区的普遍现象，这也是导致土传病害
的土壤条件。酸化土壤的修复，目标是提高 pH 值，但措施并不是以碱
治酸这么简单。因为土壤的酸化并不单纯是施用了酸性肥料，而是整个
土壤生态较长时间不正常运行的结果，所以治理酸性土壤，要注重治理
土壤生态，从提高土壤有机质含量入手，培育土壤微生物多样性，通过
多种手段提高土壤含氧量，提高地温，并辅以其他土壤改良剂的使用，
例如施碱性粉煤灰、碱性肥料钙镁磷肥。有些人主张施用强碱性的石灰
（CaO），笔者认为必须慎用，特别是在农作物根系周围有 CaO，很可能
产生灼伤。施用量控制不好还会产生石灰性板结，所以建议改用微米级
钙粉（贝壳粉），虽然不能速效，但也能改善土壤团粒结构和呈碱性特
征。如果一定要施用 CaO，必须与 5 倍以上有机肥混合施用。在采取上
述辅助措施时，适时加入有机碳肥，不但有利于培育土壤生物多样性，
也有利于提高这些辅助措施的效能。另一方面，要总结教训，不再采取
导致土壤酸化的愚蠢做法，例如仍然单施化肥或使用未经腐熟的粪便和
未经科学分解的有机废液。

　　土壤修复中还有一个课题：给耕地补充富含中微量元素的矿物质。
目前一些优质土壤调理剂就属于此类，例如沸石粉、麦饭石粉、硅藻粉

或者多项混配的调理剂，在使用这些调理剂时拌入有机碳肥，一定能使功效提高一个档次。

土壤农药残留治理，同土壤微生物活动存在密切关联。大多数农药在土壤中都会被氧化分解和微生物分解。所以不可幻想用什么药物治理农药残留，而应该在提高土壤生物活性和含氧量方面下工夫，而使用有机碳肥便是快捷的措施。

关于土壤重金属超标的治理，这是谈土壤修复时一个绕不开的话题。此课题虽然备受重视，国家在这方面也花了大量资金。但这个问题有两个特点：一是难度大，尤其是把它从土壤中消除掉的难度极大。二是必须抓源头，不让重金属超标的饲料（及添加剂）和肥料进入市场。

当务之急是不让重金属进入农作物体内，这唯有采取化学或电化学措施让重金属变成"石头"，即增加其惰性，使之不溶于水（即不形成离子态），或者提高土壤的 pH 值以降低重金属离子的活性。

坦率来讲，目前笔者还不敢研究利用有机碳技术治理重金属超标的"招数"。从全国农田土壤的整体看，贫瘠化不但引发了土壤板结、沙化酸化或盐渍化，也是各种土传病害的诱因。而贫瘠化就是严重缺碳。所以土壤修复的主旋律是给土壤补碳。这个问题抓好了，其他问题就都比较好解决。对这个问题视而不见，而专注抓其他问题，就是"头痛医头，脚痛医脚"之举，其有效和可连续性是要打问号的。

农田系统生物多样性既是农田生态系统健康有序的标志，也是形成土壤修复机制的环境条件。

农田的生物多样性，包括微生物群系和植物群系的自然综合和健康延续。无论是人为养地还是土壤修复工作，都要关注生物多样性。

以下介绍重建生物多样性的方法。

（1）通过施用优质有机肥（或有机碳肥）、秸秆还田、种养结合循环农业等措施，快速提高土壤有机质含量。这是培育生物多样性尤其是微生物多样性的基础工作。这样做满足了土壤中有益菌、单细胞生物、蠕虫、蚯蚓等微生物最基本的需要：氧气和碳营养。并由于丰富的碳营养使植物根系极大丰富，在植物收获或老化后，大量根系的腐解又给土壤补充有机质，大量微生物周而复始的新生与死亡，也给土壤补充碳氮养分，各类小动物的活动不但松土，其排泄物也是高浓度有机肥。植物地上部分的枯枝落叶经土壤微生物的分解，成为腐殖物质改良土壤。以上这些便形成土壤的自肥能力。

（2）多年生农作物例如果树，部分茶园，尽量建立果草茶草共生模式，选用适合当地生长的低矮型绿叶野草或绿肥作物。这类作物根系不深，不会与主植作物争肥，还可替土地遮阳不使土壤裸晒，并能分散昆虫对主植作物的危害。更重要的是压制杂草和为土壤补充腐殖质。不少致力于果园种草的农民都深有体会地说：等他们生长茂密了，就轻松了，不用除草剂少打农药，土壤一年比一年肥了。

（3）适时地为耕地补施带碳养分的农用微生物制剂。不带碳养分的微生物制剂进入土壤，一般都无所作为。怎样区别带没带碳养分呢？就用之前介绍过的"矿泉水瓶法"：制剂兑 200 倍水搅动后静置 4～8h，上清液清水色或浅灰色是不带碳，浅黄色或浅棕色是带碳。补施微生物制剂有利于土壤有机质加快分解，提高地力（肥力），也能抑制土传菌病。

现在有些企业生产了效率较高的固氮菌菌剂，它在碳营养的作用下有固氮功能，可以为农作物提供有机氮。这是一种以菌增肥的创新，也是土壤修复的良好助剂。

（4）以上三点属于有机质修复，还有矿物质修复。土壤修复当然也包括土壤中微量元素的补充。现在不少企业向市场提供以矿物质为主的土壤修复剂，是可喜的现象。但使用者要知道自己的土地缺什么，就找相应补什么的修复剂。有些土壤修复剂也有滥竽充数的，里面矿物质完全没有水溶性，多少年都不起作用。没有肥效是小事，更糟的是给用户一种错误的心理暗示，以为那些缺的元素已经不缺了，从而在后续施肥中做出误判，影响农作物收成。适时、合理的矿物质土壤改良剂的应用，还能有效调节酸碱度，改良土壤生态，促进生物多样性。

（5）因地制宜，多渠道多来源收集各种有机废弃物，用于改良土壤，常常起到既经济又高效的作用。例如"以海（湖）补山"，近海和湖泊的某些角落或滩涂，就是沉积了千百年来从陆地冲刷下去的各种营养物质。这些都含有不少不为人知的生物活性物质。因为所谓"十七种必需元素"说，只是抓住了研究植物营养的要点而绝不是全部。有些食品厂，甚至造纸厂排出液的沉积物，也是高效的植物营养，只要得到科学的加工，便是难得的肥料。总之只要是无毒无害的，不管施有机质还是矿物质，都可以搬上山（陆地）去沃土肥田，不但改良土壤效果快，对促进生物多样性更会有出人意料的效果。

（6）实行轮作、休耕、套种等农艺措施，让土壤休养生息，让农田环境生物多样性丰富起来，空气清新、鸟语花艳、虫鸣蝶飞、林木葱茏、水土保持、五谷飘香。各物种间相依相抑，平衡发展。这就是健康和可持续耕作的农业生态。

第六章

有机碳肥技术在现代农业中的作用

第一节　有机污染要强调源头治理

有机污染源在源头治理，成本低、生态效益好，是治理有机污染的上策。如果放任排到水域再治理，已经是程度不一的污染，有的甚至酿成生态灾难了。如果把大量污液都输到污水处理厂处理，不但耗能巨大，还损失大量 DOC 资源。

有机污染源大体可分为以下几大类。

第一类：大型养殖场，粪便、污液。

第二类：分散的小型养殖场，小化粪池液、粪便。

第三类：各类农副产品和食品加工厂，下脚料、残渣、污液。

第四类：造纸厂，黑液、黑泥。

第五类：垃圾填埋场的渗滤液。

第六类：生活区、自然村，生活垃圾和化粪池液。

根据多年治理经验，可以将有机污染物分类进行深加工，成为肥料产品，图 6-1 是几种加工模式的综合示意。

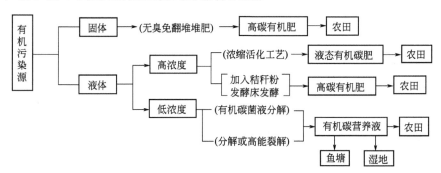

图 6-1　有机污染源头治理及消纳系统示意图

源头治理的原则：

（1）无害化——DOC 向有效碳（AOC）转化，简称"碳转化"。

（2）零排放——肥料化，变废为宝。

（3）消纳系统——固体肥和高浓度液体肥输送到农资市场，低浓度有机碳营养液由周边农田和湿地鱼塘消纳。

固体有机废弃物转化为有机肥料，不可以再复制"好氧菌高温发酵——多次翻堆——高温烘干"的旧工艺，而要采用无臭免翻堆自焖干及其他节能高效的堆肥技术。

有机废液（水）的转化技术就要复杂得多，主要因为：一是浓度差别很大；二是有些废液经过发酵或半发酵，有些废液完全没经过发酵。根据多年经验将不同有机废水的加工工艺分列，如表 6-1 所示。

表 6-1　各类有机废水的转化加工工艺

干物质含量	来源	加工工艺	产成品及消纳系统
>30%	经发酵	氧化催化分解	液态有机碳，上市场
	未经发酵	喷洒到秸秆统糠发酵床加 BFA 发酵 1 个月	粗制堆肥，就近下田
10%～30%	经发酵	先浓缩后氧化催化分解	液态有机碳肥，上市场
	未经发酵	进入沼气池，后将沼液加 BFA 喷洒到发酵床发酵	粗制堆肥，就近下田
3%～10%	经发酵	有机碳菌液分解加充气 12d	有机碳营养液，就近下田
	未经发酵（包括废牛奶、饮料、果汁）	先冲击波高能碎解再加有机碳菌液分解 12～20d	
<3%	经发酵	有机碳菌液或 BFA 加入分解 12～20d	有机碳营养液，就近下田或湿地作物
	未经发酵		

以下取几种典型的污染源类型，介绍治理方案。

小农经济时期，畜禽排泄物是农户索取肥料的主要源头。对于勤劳的农户来说，家庭的畜禽排泄物会以多种方式点滴不漏地进入耕地。所以在那时，散养在千家万户的畜禽，顶多给各个家庭内部卫生造成一些小问题，而对大环境却是没有负面影响的。现在千家万户散养的现象基本上消失，规模化甚至特大规模集中养殖逐渐成了人类蛋白质食物资源的主要生产基地，而面对伴随而来的大量排泄物，"沼气池"一类的处理技术实际上早已"消化不良"。于是对环境的严重污染产生了。随着大量资金流向农业和养殖业，这种大规模畜禽养殖会越来越多。对此类产业的大量有机废弃物的"消化"技术必须创新，才能避免环境污染的加剧，保证大规模养殖业的顺利发展。

在畜禽养殖业中，对环境污染的严重程度首推养猪业。一个存栏 10 万头的养猪场，每日产生猪粪水总共 700～800t，一年总产量近 30 万吨，每年消耗清水量为 700 万吨。30 万吨猪粪尿中含有机质 4.2 万吨，含 N 5000t、P_2O_5 2000t、K_2O 2000t。这些肥料资源相当于每年

（两茬计）8万亩农作物的全部用肥量。这一组数字传达两个信息：一是污染物的惊人数量，二是巨大的用水量，这些水夹杂大量有机废弃物，用传统的"处理—达标—排放"直线技术，需要消耗大量的能源与资金。

解决这个问题的创新技术必须突出两个要素：一是把处理排泄物的"直线路线"改变为"循环路线"，即回收利用；二要把排泄物中的有机质有效地分解，制造成高碳有机肥或有机碳肥产品，这是实现回收利用的关键技术，否则这个"循环"不能真正完成。这种创新模式可简化为如图 6-2 所示。

以下通过几个设计方案简要介绍应用生物腐植酸（BFA）技术对大量有机废弃物的处理和循环利用办法。

一、10 万头猪场猪粪、沼渣、沼液生物技术处理工程方案

存栏 10 万头猪场的猪粪、沼渣、沼液量大，其主要日产生量是：猪粪 200t、沼渣 150t、沼液 350t。

如此巨大的有机物产生量，必须用生物工程技术进行处理，才能达到对外环境的零污染，而经生物工程处理的这些排泄物，又能以很低的处理成本，变成电能和优质有机肥、优质液体有机肥，产生巨大的经济效益。也就是说，一个大型养猪场可以产生出发电厂、有机肥厂和农作物及渔业生产基地，新增巨大的绿色 GDP 效益。这既是一个全新的观念，又是一批成熟生物工程技术的集成。本方案按照这一观念，以生物工程为主线，设计一系列有机排出物回收利用和生态循环设施，以下逐一概述。

1. 沼气发电

年发电量约 $850 \times 10^4 kW \cdot h$，具体工程方案暂略。

2. 利用猪粪和沼渣生产有机肥料

（1）技术方案　应用生物腐植酸技术（BFA 技术），该技术的特点，一是发酵期短（7~8d）、免翻堆，不但节能，还大大减少二氧化碳的排放，从而生产出高 EC 值的有机肥料。二是免用烘干机，而是用 20~30d 时间高堆，利用生物能，在 40~50℃ "焖烧"，使物料自行散发水分达到含水率低于 30%。这种技术方案节省设备投资 2/3，生产过程节能 3/4，二氧化碳减排 2/3。使猪粪沼渣以最低的加工成本，生产

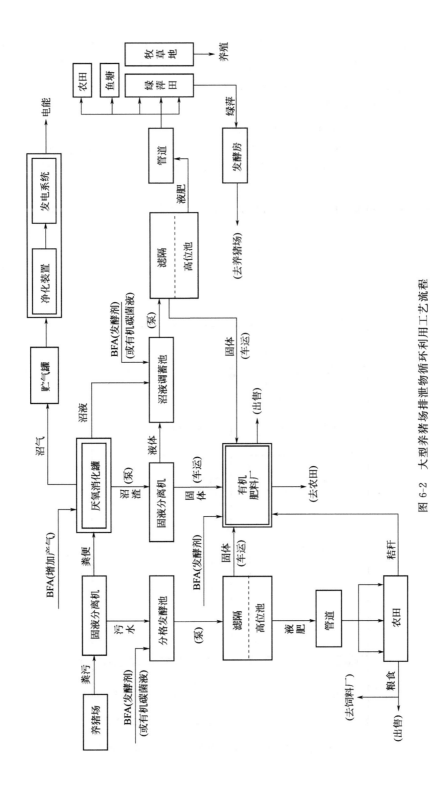

图 6-2 大型养猪场排泄物循环利用工艺流程

出质量高的有机肥料，这是目前国内综合效益最好的有机肥加工技术之一。三是文明生产，车间内无粉尘、无恶臭，如果生产组织合理，能及时发酵猪粪，车间内还没有蚊蝇。

（2）生产规模

① 每日应消化猪粪200t、沼渣150t，合计350t（平均含水率74.3％）。

② 为了达到发酵的水分要求（约55％），应添加减水剂150t（平均含水率15％），减水剂可以选择磷矿粉、草炭粉、菌渣棒、废烟丝、作物秸秆粉、牛粪干、羊粪干等。

③ 日处理物料（350＋150）＝500t（含水率56.5％），可生产有机肥310t（含水率30％）。

④ 设计有机肥厂（见图6-3和图6-4），包括：生产车间5座，每车间日处理物料100t，生产有机肥60t。仓库4座、综合楼1座，共占地151亩。

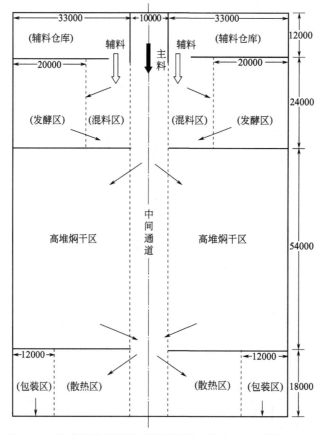

图6-3　生物腐植酸有机肥车间平面图（日产60t）（单位：mm）

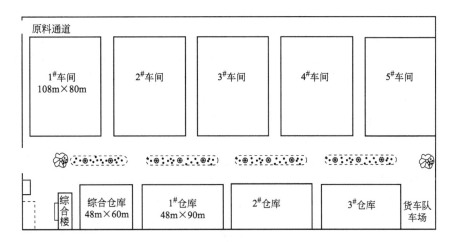

图 6-4　日产 300t 高碳有机肥厂区布置图

总投资 3000 万元，年产优质有机肥 10 万吨，年产值 8000 万元，年利税 1400 万元。如果沼液能按本方案如下规模处理，猪场附近农田和鱼塘都不必施有机肥，而 10 万吨有机肥可全部用于销售或用于盐碱地改造。

二、利用沼液生产液体有机肥及其配套条件

（1）技术方案　前些年一些农业技术人员用沼液喷施农作物叶面，取得良好效果，但把沼液浇灌农田，却造成死苗，不知两种做法为何效果相反？因为沼液是"无氧液"，喷叶面不产生缺氧问题，但进入土壤就大量耗氧。所以要灌入耕地，必须进行二次发酵，使其大分子有机质分解成小分子有机物（直接被微生物和根部吸收）。

① 利用有机碳菌液对沼液进行二次发酵，使沼液中的残存有机质彻底分解为水溶有机肥，滤去残渣，使沼液成为可直接施于农作物和鱼塘并可管道输送的水肥。

② 利用较大面积的土地容纳消化这些水肥，生产绿色有机农产品，并把其中一部分转化为猪饲料，一部分转化为秸秆粉用作沼气池的添加剂和有机肥厂的减水剂，实现封闭生态循环。

③ 考虑到各种农作物的季节互补（更有效利用源源不断的水肥），将土地分成三大部分。第一部分 500 亩鱼塘，冬季可用作贮存池，容纳多余的水肥，向附近农田泵送水肥。第二部分 500 亩绿萍田，冬季轮作小麦或油菜。第三部分 500 亩种蔬菜或玉米。

其中，500 亩鱼塘每年约产商品鱼 1500t，产值 1000 万元，利润 300 万元；500 亩绿萍田（半年）可产美洲绿萍 5000t，可替代饲料 1500t，相当于 300 万元产值，利润 180 万元；绿萍田半年用于种冬小麦或油菜，500 亩产值约 54 万元，利润 25 万元；500 亩菜地，可产蔬菜约 1000 吨，产值约 600 万元，利润约 200 万元。

上述三部分土地每年容纳消化二次发酵沼液肥 12.6 万吨，可从鱼塘、绿萍田、菜地等新增产值 1954 万元，获利 705 万元。

（2）沼液处理工程 建日处理沼液 350t 系统，占地 4 亩，处理系统以各种规格的水泥沟池和过滤器组成，总面积 2426m²，包括透光塑料板棚，以及泵管系统，总投资约 420 万元。相关主要设施见图 6-5。

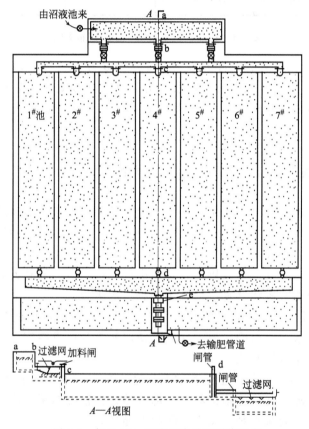

图 6-5 每日 350t 沼液二次处理系统示意

（3）管网系统——从沼液处理工程到种养基地 略。

（4）结论 本方案应用先进的沼气发电技术和 BFA 生物工程技术，结合生态循环原理，使大型猪场大量的有机排出物得到全部回收利用，不向生态园外排放一滴废水废渣，并使园区内达到文明生产和环境优美。同时由有机肥厂和农业生产基地新增年产值共 9954 万元，年新增利税 2105 万元，达到环保和经济效益双丰收。

三、关于特大型养猪场循环经济节能减排新模式

特大型养猪场是必不可少的重大民生工程，同时又可能是对环境的重大污染项目。本方案将运用先进而实用的综合治理技术，对这种项目的重大污染物进行资源化利用，变废为宝，并使其对环境的污染降低到最低程度。

本方案提出的治理措施如下。

① 科学合理的规划和设计；

② 猪粪进厌氧消化罐产沼气，沼气发电；

③ 沼渣与其他有机废弃物混合发酵制造腐植酸肥料；

④ 沼液二次处理后灌溉绿萍田，绿萍发酵做猪饲料（或其他高产牧草）；

⑤ 各分猪场污水经生物腐植酸发酵成液体肥灌溉附近农田生产粮食；

⑥ 粮食做饲料，秸秆与沼渣混合生产腐植酸肥料；

⑦ 肉联厂废弃物分类处理，生产氨基酸液肥和腐植酸液肥；

⑧ 利用腐植酸肥料改造盐碱地扩大粮食和饲料生产基地；

⑨ 部分猪场进行生物发酵垫床无臭养猪试点，以减少粪污排放。

本方案是一个实用的治理方案，所以在方案中将进行部分关键工程的方案设计和经济预算，并最终对总体方案做出评价。

1. 总体规划

总体规划是一个以养猪产业为动力的物质流动循环利用系统。该系统的基础是若干个单元养猪场，每单元存栏 8 万～10 万头。每个养猪单元设一个粪污分离站，固体运去总沼气站，污水在当地进入"分格发酵池"用 BFA（生物腐植酸）发酵后通过泵和高位池管道系统进入农田。这一部分主要应注意猪的存栏数与污水（再转化为液肥）量与农田面积的关系。

总沼气站收集各养猪单元的固态物（主要是猪粪），在厌氧消化罐中经发酵产生沼气，沼气进入贮气罐，再经净化除杂设施进入发电系统。这一部分设计应注意全部固态物的量，消化罐体积和贮气罐体积的

合理性，以及使用发电机组的容量。

总沼气站每日产生沼渣再进行固液分离，固体部分输送到腐植酸肥料厂制造腐植酸有机肥，分离出的液体和消化罐排出的沼液汇入沼液调蓄池，经泵进入高位池和管道，输送到绿萍田，这里沼渣日产量决定了肥料厂的日产量，沼液量决定了绿萍田的面积。

2. 循环利用工艺流程

本方案针对猪场产生的大量排泄物设计几个循环利用路线，见图 6-6。

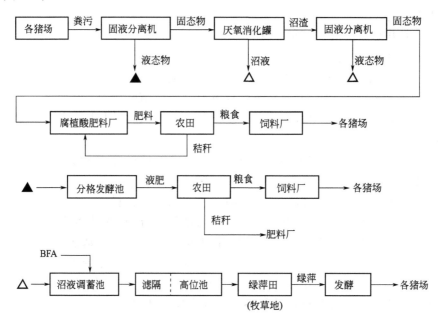

图 6-6　猪场排泄物循环利用路线

从图 6-6 可见，通过几条循环路线，从各猪场排泄出来的污物，除了一部分变成沼气用于发电之外，其他的都转化成猪的饲料返回各猪场，在理论上完成了物质循环，达到零排放。

3. 几项关键技术

要使上述循环利用达到理论上的合理和零排放，除了应该实现科学合理的规划外，在几个关键环节利用先进适用技术也是必要条件。

（1）关键技术一　先进的沼气发电系统的应用。该系统与甲方养猪规模相适应、运行效率高、自动控制和智能调节以适应电能上电网的标准。这是本方案能否取得良好经济效益的重要保证。近年引入的"黑膜沼气"技术，投资少，产气稳定，值得推广。

（2）关键技术二　BFA（生物腐植酸）的应用。BFA添加入厌氧消化罐，能调节酸碱度、放大产气菌活力，使产沼气量明显提高，不但增加发电收入，还能减少沼渣量，减少后续沼渣处理的压力。有机碳菌液用于分格发酵池，对未能进入厌氧消化罐的大量污水进行就地发酵，不需耗能，7d内污水便能变成液肥，可直接用于灌溉农田。有机碳菌液用于对沼液的二次处理，处理液可直接浇灌农田鱼塘。BFA用于腐植酸肥料厂，发酵物料不须翻堆，发酵时间短（7d），可以比传统有机肥发酵少用2/3时间，少占场地，少排放2/3的二氧化碳，所以肥效更高。这种肥料厂还不需使用烘干成套设备，设备投资减少60％以上，单位重量肥料耗能节省3/4。

（3）关键技术三　绿萍养殖和发酵技术。绿萍是我国农业部在20世纪90年代从外国引进的优良品种，在浅水田每亩每年可收30～50t（含干物质10％左右），干物质中25％是粗蛋白，是一种优良的饲料作物。在长江以南大部分地区可常年养殖，黄河以南地区冬春季搭大棚还可继续养殖。收获的绿萍经沥干、搓碎、厌氧发酵，就是适口性极佳的饲料，可替代20％左右精饲料，且猪肉口感更鲜美。不适养殖绿萍可改成半湿地种高产牧草，如巨菌草、管竹草、食叶草等。

（4）关键技术四　盐碱地的改造技术。BFA发酵的有机肥料，是改造盐碱地最好的材料，加上其他水利工程措施和农艺措施，可以使大片盐碱地在一两年内就成为良田，从而为大量污水（液肥）就地消化吸收并带来新的经济效益（粮食、秸秆）创造条件。

（5）关键技术五　农作物滴灌技术与污水处理技术结合。大面积农田是污水处理的最终接纳者，通过滴灌系统和滴灌技术的应用，液体肥料代替了有机肥和灌溉用水，管道输送代替了人工施肥，形成了一个大规模有机农业生态体系，不但大大降低农作物种植成本，而且形成了一种永续耕作的节水农业模式。

4. 本方案实施带来的经济增量

本书使用"经济增量"的概念而不使用"经济效益"之类的提法，是因为一个大规模养猪场本身的经济效益因不同社会环境原因而不同，所以这个大前提是不定的，而新系统的各子系统的规模、投资量等等都可能因地而异，因而设计形成的新系统的成效用"经济增量"来界定比较合适。现以图6-7所示50万头（存栏）为基数来规划计算。

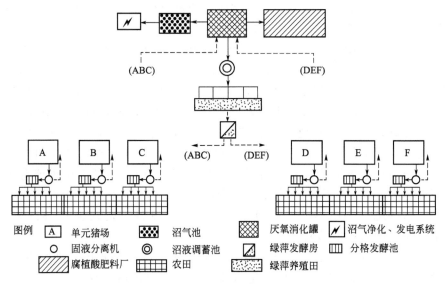

图例　　A　单元猪场　　▨　沼气池　　⊠　厌氧消化罐　　⚡　沼气净化、发电系统
　　　　○　固液分离机　　◎　沼液调蓄池　　◩　绿萍发酵房　　▥　分格发酵池
　　　　▨　腐植酸肥料厂　　▦　农田　　▨　绿萍养殖田

图 6-7　50 万头猪场循环经济产业总规划示意

　　（1）沼气发电　生猪存栏 50 万头，集中粪便产生的沼气发电量为每小时 $1×10^4$ kW·h，年发电量为 $8700×10^4$ kW·h，新增产值 6600 万元。

　　（2）猪场污水的分解变水肥　猪场污水的发酵，每日形成液肥总共 5000t，全年 180 万吨，可灌溉 6 万亩农田，使之达到好收成。生产粮食 4.5 万吨，价值 6300 万元，秸秆 6.5 万吨，价值约 1300 万元，合计新增产值 7600 万元。

　　（3）沼液养绿萍变饲料　每日由厌氧消化系统产出的沼液经二次处理后变成液肥 1500t，全年共 50 万吨，可灌溉 4000 亩绿萍田，年产绿萍 120000t，折合饲料 15000t，新增产值 2400 万元。

　　（4）腐植酸肥料　全系统每日产生固体废弃物 500t（含水 65%），配入干秸秆（含水 15%）220t，可产有机肥 450t，全年可产腐植酸有机肥 16 万吨，新增产值 1.28 亿元。

　　以上是实行本方案后几个方面的新增产值，合计每年共 2.94 亿元。

　　还有一个"经济增量"——旧式经营所需的"环保投入"全免。以 50 万头生猪存栏计，每年污水处理环境治理的投入，在这个系统中全部不会发生，每年节省数千万元。

5.各主要部分固定资产投入预测

　　（1）厌氧消化罐（4000m³）　　　　　　　　　　　2500 万元

沼气池（50000m³）	1000 万元
合　　计	3500 万元

（2）净化——发电系统（10MW），包括厂房 3800 万元

（3）每单元猪场（8.4 万头存栏）所需排泄物处理设备和房舍

固液分离机 3 台	60 万元
房舍 300m²	12 万元
分格发酵池共 1.7×10^4 m³	350 万元
滤隔高位池 1000m³	30 万元
泵及管道	40 万元
合　　计	492 万元

50 万头存栏约 6 个单元，此项目共应投资 492 万元 × 6 ＝ 2952 万元。

（4）盐碱地改造为农田（假如需要的话）

6 万亩 × 666m²/亩 × 15 元/m² ＝ 6 亿元

如有现成农田（需 6 万亩），则只需要改造费 6000 万元。

（5）厌氧消化罐配套设施

固液分离机 6 台	120 万元
房舍 600m²	24 万元
沼液调蓄池 2000m³	45 万元
滤隔高位池 400m³	12 万元
泵及管道	20 万元
合　　计	221 万元

（6）绿萍田、绿萍加工房

绿萍田 4000 亩	2000 万元
加工机具 3 套	12 万元
发酵池 50 个	50 万元
房舍 2000m²	60 万元
合　　计	2122 万元

（7）腐植酸肥料厂（年产 16 万吨）

应分为 4 个单元厂，每单元年产 4 万吨

每单元固定资产投资如下：

厂房（包括秸秆堆放棚）10000m²	250 万元
成品仓库 5000m²	150 万元
内部设备 12 台套	60 万元

合　　计　　　　　　　　　　　　　　　460 万元

4 单元合计投资　460 万元×4＝1840 万元

（8）全系统主要公共设施

生产设施的供电系统　　　　　　　　　200 万元

运输车辆 40 辆　　　　　　　　　　　 600 万元

（公共道路、周转场地未计）

合　　计　　　　　　　　　　　　　　 800 万元

以上八部分合计投资约为 75235 万元（需改造 6 万亩盐碱地），或 21235 万元（有现成农田可用）。

6. 关于零排放生物发酵床养猪

用 BFA（生物腐植酸）发酵谷壳、锯末、玉米秸粉、棉籽壳等，作为猪圈垫料养猪，实现无臭和零排放，已是成熟的技术并有成套图纸。这种模式的特点如下。

① 实现零排放和对环境无污染；

② 节水 70％，省人工 60％；

③ 养猪综合成本略下降；

④ 猪成活率更高，猪肉品质更好；

⑤ 新猪场建设中不必建粪污排放、收集和处理设施，而主体猪舍投资与老式猪舍投资相比约增加 10％；

⑥ 平均每头商品猪（存栏）每年可产生物有机肥 0.4t，也即 50 万头猪可产 20 万吨生物有机肥，价值 2 亿元。

但此模式也存在如下问题：①不可能再搞沼气发电；②所需垫料的材料用量巨大，超大型猪场很难完全做到。

为了减少基本建设的投入，减少沼液沼渣处理量过大的压力，建议在新建猪场做这种零排放模式的试点，并在后续新建猪场加大零排放模式的比例。

7. 关于盐碱地改造

用腐植酸肥料改造盐碱地，已是成熟的技术。但各地盐碱地现场条件差异很大，必须结合实际情况做出切实可行的实施方案。大型猪场如建在盐碱地附近，最适合进行盐碱地改造。因为每天大量的沼液和经处理的粪水，正可形成"以肥压碱，以水洗盐"的条件，这将大大降低盐碱地改造的成本。

8. 本系统其他产业的改造

一个超大型养猪场，每天有数千头生猪出售，自建肉联厂和冷库是在所难免的。由于不了解这方面的现状和发展计划，在本方案中未能做出生猪屠宰污水处理设计。如实际需要，将在后续初步设计中加入屠宰污水转化为液肥和固化物转化为氨基酸肥的处理设计，在此暂不涉及。

9. 总体评价

① 本方案根据 50 万头存栏猪场设计（总规划示意图参见图 6-7，腐植酸肥料厂平面布置见图 6-8），总体新增投资 75235 万元，其中改造盐碱地 6 万亩需 6 亿元。如不需改造盐碱地，则应有 6 万亩农田供使用，农田改造费用为 6000 万元，总体投资减少 5.4 亿元。

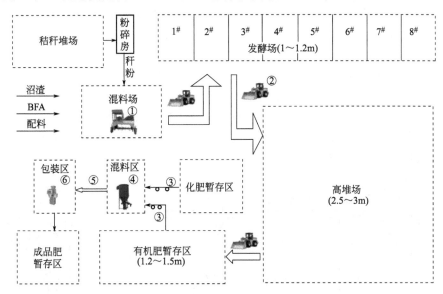

图 6-8　腐植酸肥料厂平面布置示意
①—轮式翻料机；②—铲车；③—移动传送带；④—立式混料机（两台）；
⑤—固定传送带；⑥—称量包装机

② 实施本方案，50 万头存栏猪场规模每年可获新的经济增量 2.94 亿元。

③ 实施本方案，实现了以猪场养猪为动力的物质循环利用和理论上的对外零排放，解除了超大型养猪场项目对环境的巨大污染。

④ 本方案应用多项先进节能减排技术，并使各子项目科学地串接起来，形成了内部传统废弃物的资源化利用，对外只提供商品：猪肉、

电能、粮食和肥料，是一个典型的节能减排新型农、工、商一体化集团模式。因而，上述商品与市场上同类产品比较，成本更低，质量更佳，具有强大的市场竞争力。

⑤ 本方案的实现，将可以在国际碳交易市场取得有利交易地位，从而增加企业的竞争力和知名度。

⑥ 本模式在全国大型猪场有先进性和示范作用。

四、循环农业示范小区规划

本部分技术资料由中国农业科学院农业环境与可持续发展研究所提供。

1.总体规划

循环农业示范小区对生态环保的先进农业技术进行集成示范，体现种养结合，实现农业废弃物的低排放、低污染及资源化循环利用。

示范小区为 50m×30m 双层拱棚，面积为 1500m²，带卷帘、遮阳层，拱宽间距 3m，肩高 2.5m，顶高 4m。小区分为四大功能区：发酵床养殖区、垫料加工区（兼旧垫料堆肥功能）、种植区及猪-微-鱼-植立体养殖模式区。其中，发酵床养殖区又分为原位发酵床养殖区和异位发酵床养殖区；猪-微-鱼-植立体养殖模式区又分为直排养殖区及水产养殖区（见图6-9～图6-11）。

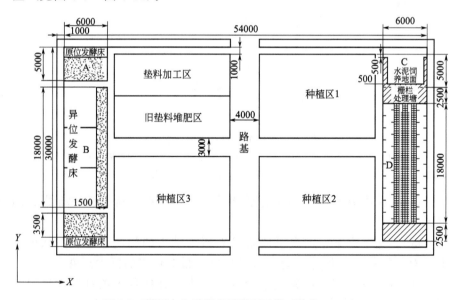

图6-9　循环农业示范小区平面示意（单位：mm）

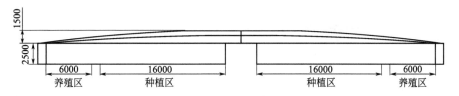

图 6-10　循环农业示范小区 *X* 轴侧视图（单位：mm）

（双层拱棚，带卷帘，长度 50m，跨度 30m，拱宽间距 3m，肩高 2.5m，顶高 4.0m）

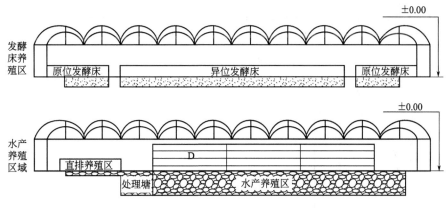

图 6-11　循环农业示范小区 *X* 轴侧视图

（双层拱棚，带卷帘，长度 50m，跨度 30m，拱宽间距 3m，肩高 2.5m，顶高 4.0m）

2. 各功能区规划

（1）发酵床养殖区

① 原位发酵床养殖区　原位发酵床养猪技术是一种生态环保养猪技术，粪污不需要转移即可被消纳，小区内原位发酵床猪舍共 2 栋，编号为 A（图 6-9），面积为 5m×6m＝30m²，发酵床为地下式，面积为 6m×3.5m＝21m²，深度为 0.8m。2 栋猪舍可共饲养猪 40 头（图 6-12）。

② 异位发酵床养殖区　异位发酵床养猪模式能够在不减少养殖面积的情况下实现粪污的零排放，经济效益更高。小区内设置一栋异位发酵床猪舍，编号为 B（图 6-9），面积为 18m×4.5m＝81m²，异位发酵床为地下式，规格为 18m×1.5m，深度为 0.8m，猪粪尿转移到发酵床上，通过自动翻耙机进行翻堆发酵。猪舍可供饲养猪 80 头（见图 6-13）。

（2）垫料加工区　垫料加工区功能为发酵床垫料的制备及旧垫料的再次发酵生产有机肥。

（3）猪-微-鱼-植立体养殖模式区

① 直排养殖区　直排养殖区 C（图 6-9）利用水泥地面直接饲养

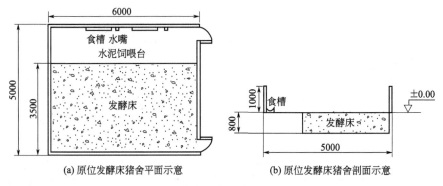

(a) 原位发酵床猪舍平面示意   (b) 原位发酵床猪舍剖面示意

图 6-12　原位发酵床示意（单位：mm）

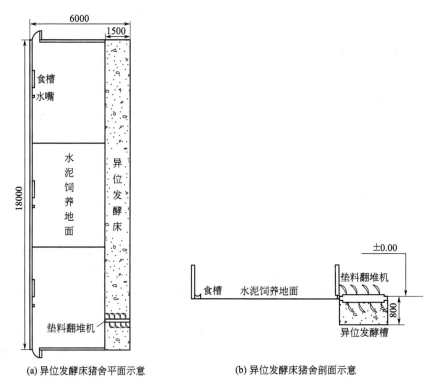

(a) 异位发酵床猪舍平面示意   (b) 异位发酵床猪舍剖面示意

图 6-13　异位发酵床示意（单位：mm）

猪，猪的排泄物直排鱼塘，用于肥塘。猪舍面积为 $6m\times 5m=30m^2$，猪舍四周设宽 0.5m，深 0.3m 的沟渠，在炎热夏季时，沟渠内充满水，用于猪舍降温。同时也用于粪污的收集转移。猪舍可共饲养猪 30 头（图 6-14）。

　　② 水产养殖区（微-鱼-植区）　水产养殖区域包括三部分，分别为处理塘、水产养殖区（下附植物修复钢架结构）及水产养殖区右侧鱼塘

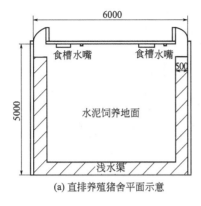
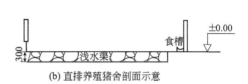

(a) 直排养殖猪舍平面示意   (b) 直排养殖猪舍剖面示意

图 6-14   直排养殖猪舍示意（单位：mm）

（受纳水产养殖废水），处理塘规格 2.5m×6m，收集直排养殖区排放的猪粪尿，并添加微生态发酵剂进一步发酵猪粪水，发酵的猪粪水排入水产养殖区用于肥塘；水产养殖区长 18m，宽 6m，其中分为两个鱼塘，规格分别为 3m×18m，分别养殖不同的鱼类，如罗非鱼及鲶鱼，水产养殖区上方是植物修复钢架结构 D；水产养殖区右侧鱼塘规格为 2.5m×6m，受纳富营养化的水产养殖区域的废水，此塘的塘水作为种植区域的灌溉用水（图 6-11，图 6-15）。

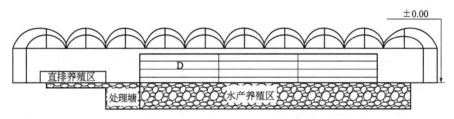

图 6-15   水产养殖区域示意

（双层拱棚，带卷帘，长度 50m，跨度 30m，拱宽间距 3m，肩高 2.5m，顶高 4.0m）

③ 植物修复钢架结构   植物修复钢架结构是利用植物修复水产养殖用水的立体修复模式，一套钢架结构长 6m，宽 2.7m，分三部分，分别为层叠槽盘、过道及大槽盘，其中，层叠槽盘 4 层，规格 6m×0.6m×2m；过道由镂空的铁篦子组成，规格 6m×0.6m；大槽盘规格 6m×1.5m×1m。槽盘是用石板材做成的，并用水泥嵌缝，防止水滴漏。利用水泵把水注入槽盘中，并用植物修复，挺水植物就用浮漂进行固定，浮水植物则不用。整个水产养殖区共 6 套这样的钢架结构（图 6-16）。

a. 层叠槽盘（图 6-17）   细空心柱插入槽盘的深度是 5cm，目的是维持槽盘水深 5cm，粗空心柱与槽盘高度持平，目的是保持槽盘水不致

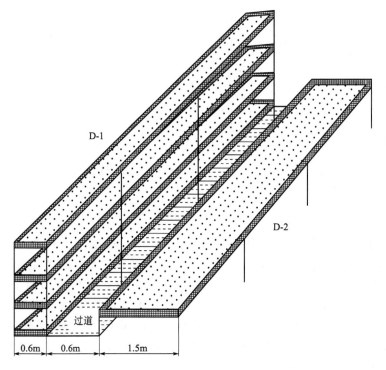

图 6-16 植物修复钢架结构示意

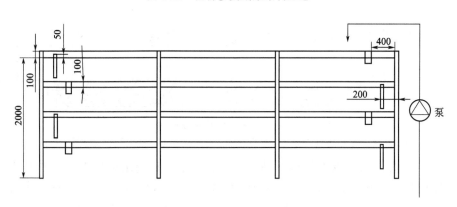

图 6-17 多层植物修复钢架结构（单位：mm）
（钢架结构为 4 层槽盘，高 2m，槽盘深度为 10cm，细空心柱插入
槽盘中的深度为 5cm，粗空心柱插入槽盘中的深度为 10cm）

溢出，并且是活动的柱子，可以拔下来，把槽盘中的水全部放走。工作模式：利用水泵把鱼塘水注入顶层槽盘，然后水从细空心柱流到下一层槽盘，以此类推，达到水循环的目的。

b. 大槽盘（图 6-18） 细空心柱插入槽盘的深度是 5cm，目的是维持槽盘水深 5cm，粗空心柱与槽盘高度持平，目的是保持槽盘水不致溢出，并且是活动的柱子，可以拔下来，把槽盘中的水全部放走。工作模式：利用水泵把鱼塘水注入槽盘，然后水从细空心柱流出，达到水循环的目的。

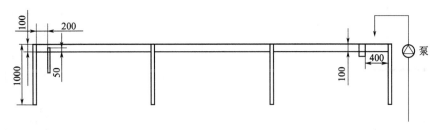

图 6-18 单层植物修复钢架结构（单位：mm）
（钢架结构为单层槽盘，高 1m，槽盘深度为 10cm，细空心柱插入
槽盘中的深度为 5cm，粗空心柱插入槽盘中的深度为 10cm）

④ 种植区功能 示范小区包括三部分种植区，种植区的规格为 16m×12.5m，面积为 200m²。

种植区 1 为作物种植示范区，主要种植水稻，一年两季，稻田用水为鱼塘水，兼具人工湿地的功能。

种植区 2 为蔬菜种植示范区，从大棚蔬菜的栽培形式（栽培季节）上看，有春提早栽培（春季早熟栽培）、越夏避雨栽培、秋季延后栽培及越冬栽培（特早熟栽培）。由于栽培季节的不同，适宜的蔬菜种类和配套的栽培技术都有差异。大棚蔬菜周年高效栽培模式有茄子（或番茄）—花椰菜—芹菜；番茄（或茄子）—青蒜—茼蒿；青椒—丝瓜—芫荽—芹菜；西瓜—萝卜—菠菜；春黄瓜—豇豆—秋黄瓜—青菜；冬瓜套小白菜—芫荽—莴笋。

种植区 3 为花卉苗木培育示范区，城市化进程加快和房地产业兴起促进了花卉苗木培育的发展，其中，彩叶苗木市场前景广阔。

3. 示范小区供水管道布局

供水管道主要为垫料发酵、堆肥、猪饮水及种植区等提供生产用水；灌溉管道主要为蔬菜花卉苗木种植区域提供灌溉用水，其采用微灌系统，用水为水产养殖区右侧池塘塘水，其布局示意如图 6-19 所示。

4. 示范小区微灌系统的应用

示范小区微灌系统主要用于种植区的灌溉，小区采用微灌系统灌

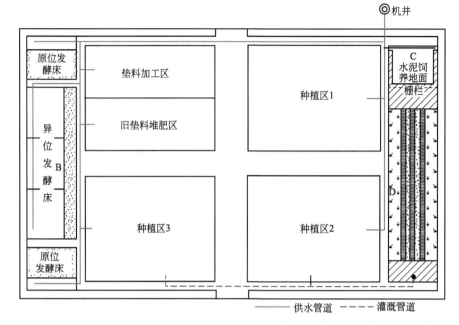

图 6-19　循环农业示范小区供水管道布局

溉，微灌系统由水源、首部枢纽、输配水管网和灌水器等组成。

（1）水源　示范区鱼塘水可作为微灌水源，但其水质要符合微灌要求。

（2）首部枢纽　首部枢纽包括水泵、动力机、肥料和化学药品注入设备、过滤设备、控制阀、进排气阀、流量压力量测仪表等。其作用是从水源取水增压并将其处理成符合微灌要求的水流送到系统中去。

微灌常用的水泵有潜水泵、深井泵、离心泵等。动力机可以是柴油机、电动机等。

供水量需要调蓄或含砂量很大的水源，常要修建蓄水池和沉淀池。沉淀池用于去除灌溉水源中大的固体颗粒。为了避免在沉淀池中产生藻类植物，应尽可能将沉淀池或蓄水池加盖。

过滤设备的作用是将灌溉水中的固体颗料滤去，避免污物进入系统，造成系统堵塞。过滤设备应安装在输配水管道之前。

肥料和化学药品注入设备用于将肥料、除草剂、杀虫剂等直接施入微灌系统，注入设备应设在过滤设备之前。

流量压力量测仪表用于测量管线中的流量或压力，包括水表、压力表等。水表用于测量管线中流过的总水量，根据需要可以安装于首部，也可以安装于任何一条干、支管上。如安装在首部，须设于施肥装置之

172　生物腐植酸与有机碳肥

前，以防肥料腐蚀。压力表用于测量管线中的内水压力，在过滤器和密封式施肥装置的前后各安设一个压力表，可观测其压力差，通过压力差的大小来判定施肥量的大小和过滤器是否需要清洗。

控制器用于对系统进行自动控制。一般控制器具有定时或编程功能，根据用户给定的指令操作电磁阀或水动阀，进而对系统进行控制。

阀门是直接用来控制和调节微灌系统压力流量的操纵部件，布置在需要控制的部位上，有闸阀、逆止阀、空气阀、水动阀、电磁阀等。

（3）输配水管网　输配水管网的作用是将首部枢纽处理过的水，按照要求输送分配到每个灌水单元和灌水器。输配水管网包括干、支管和毛管三级管道。毛管是微灌系统的最末一级管道，其上安装或连接灌水器。

（4）灌水器　灌水器是微灌设备中最关键的部件，是直接向作物施水的设备，其作用是消减压力，将水流变为水滴或细流或喷洒状施入土壤。

5. 温室大棚滴灌系统田间布置

（1）日光温室室内滴灌系统布置　日光温室内蔬菜种植一般为南北向，种植田块东西向长、南北向短。滴灌支管一般东西向布置，其长度与日光温室的长度相同；毛管南北向布置（与种植方向一致），其长度一般为 6～8m。

日光温室内一般为每一种植床种植两行作物，每一种植床一般布置一条毛管。如果种植床上的两行作物间距较大，土壤沙性较大时，可布置两条毛管。如果种植床上覆盖地膜时，毛管一般布设于地膜下。

（2）蔬菜大棚棚内滴灌系统布置　大棚内蔬菜种植一般仍为南北向，但种植田块南北向长、东西向短，滴灌支管仍为东西向布置，其长度与大棚的宽度相等；毛管南北向布置，其长度与大棚的长度相等。毛管间距依据作物行距和土壤质地及灌水器流量而定，一般为 60～100cm。

（3）育苗温室大棚棚（室）内微喷灌系统布置　大棚的田间首部与日光温室内的田间首部相似，由于支管长度较短，因而常用直径 40mm 的聚乙烯塑料管。考虑到育苗的特殊要求，拟采用止漏雾化微喷头。系统可采用固定式或自动行走式。

（4）供水系统　保护地灌溉水源多为井水，蔬菜种植品种繁多，需水规律和施肥的规律各异。用水方式一般为随机用水，即各个用户（温室大棚）用水的时间和流量不统一。下面介绍两种常见的随机供水方式。

① 压力罐集中供水　对于面积较大，保护地集中的地块，水井为

单一水源的情况下，一般采用水泵加压，压力罐调压。除首部安装过滤设施外，在温室大棚内还需安装二级网式过滤器。

压力罐的原理是利用罐内空气的可压缩性来贮存和调节配水。压力罐安装在泵和管网之间，水泵启动后，即向管网供水，而一部分多余的水则贮存到压力罐内，使罐内空气压缩，水位上升，罐内的压力随之上升。当罐内压力达到上限值时（最高水位），电触点压力表接触上限触点，发出信号，切断电源停泵，这时罐内的压缩空气将罐内的水压入管网继续供水。当罐内的压力下降至下限压力值时，电触点压力表接触下限触点，水泵重新启动。正常情况下，水泵可在无人控制情况下工作，保证管网连续供水。

压力罐属于压力容器，应购买正规厂家生产的有许可证、合格证的产品。常见的有两种类型，即补气式和隔膜式，补气式又分为自动补气和泄空补气两种。

② 供水塔供水　有条件的地方，可在温室大棚群附近修建一个供水塔，实现随机供水。

③ 蓄水池供水　在大棚附近挖一个贮水窖或蓄水池，用于贮存灌溉用水。水源向各个窖或池供水，在灌溉时再用小水泵来加压。在地下水位较浅的地方，可在温室大棚附近打一浅井，利用微型离心泵或潜水泵向大棚供水。

第二节　种养结合而不是种养分离

自从人类开始种植和驯养，这两种截然不同的作业之间就建立起密不可分的联系：种植的农作物部分被当作饲料投喂畜禽，而畜禽的排泄物被收集堆沤后回到农田作为农作物的养分。农业文明史是从种养结合开始的。在长达数千年的农业文明中，畜禽养殖一直是农田经济的动力。在我国许多农业区，小农经济的小规模养殖业消失了，过去那种千家万户堆肥养地的景象不见了，一种"规模农业"与"规模养殖"相分离的局面产生了，并被成规模地复制着。这种不利于农业发展的行为，是造成我国耕地质量严峻的根源之一。

我国还存在一种不科学不经济的"分离"，就是环保措施与农田消纳系统的分离。环保处理技术以去除 COD 为目的。COD 即化学需氧量。什么需氧？水溶有机碳耗掉水中（或土壤中）的氧，使之变成死水（或死土），这就是对环境的污染。所以要在这些 COD 进入水体（或土壤）之前先"处理"它：用生物污泥法消耗掉部分碳，再用曝气法（强氧化）把另一些小分子碳氧化成二氧化碳排掉，这样排放液中 COD 就下降了，下降到一定水平即 COD 达标，就可以认为"无害"排放掉了。这种处理技术可表达为：

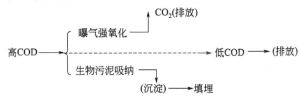

这种"处理—达标—排放"环保方针，本质上是在分散污染物。这种处理对产生 COD 的单位是解除污染了，但对全社会来说污染物总量并没有减少。

把视线转向旧式农村的厕所粪坑，那是极高 COD 了。但经过长时间微生物分解和缓慢氧化，就成了无害的可以浇灌农作物的水肥了。当前，旧式农村厕所粪坑式的处理技术效率低，不规范，不能套用到现代工业化生产 COD 的时代。

通过有机碳肥理论的探索，发现上述的 COD 就是微米级水溶性有机碳分子。这样就可以通过化学的或者生物的，或者生物化学及高能物理综合的方法，将其加工成准纳米级的水溶性小分子有机碳，这就是有机碳肥了，用它可以安全地对耕地和农作物实施碳营养补给了。

这种对 COD 的利用转化方法简单表达如下：

这是一个闭环的 COD 处理技术，基本上没有对环境的污染物排放。而闭环中推动物质转化的能量主要是生物能。通过这个闭环系统，实现环保与农业结合、完成了物质循环，也即碳循环。

闭环分解利用技术与传统的环保对 COD"减排"技术比较见表 6-2。

表 6-2　对 COD 处理两种技术比较

技术　　　　项目	碳利用	设施投入	耗能	污染物排放	经济效益
传统环保技术	0	巨大	CK	下降、分散	负数
闭环分解利用技术	90%以上	少	0.2CK	0	正数

图 6-20 是化粪池水处理流程示意。

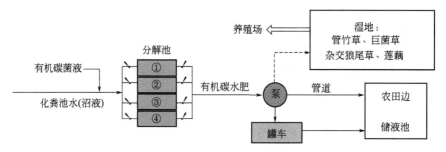

图 6-20 化粪池水（沼液、垃圾渗滤液）处理流程

图 6-20 中为什么出现 4 个分解池呢？因为低浓度有机废液在常温下分解一般需 10～12d 才能彻底。设计 4 个分解池，每个池容纳 3d 的废液量，这样可以保证每天排出的废液得到容纳，而每天向外输送的分解液可以达到无害和有效的要求。当然，分解池 6 个、9 个、12 个都可以。

这种分解技术使用有机碳菌液做分解剂，一般按 0.2% 的量投放，如果废液的浓度较高，例如干物质超过 3%，就必须在分解池中预设通气管，每条管钻许多小孔，架设时小孔朝下。

分解池在环境温度很低时，效率会下降，因此要有必要的保温（升温）措施。措施一是将分解池置于塑料大棚内。措施二是利用沼气池产生的沼气做燃料。烧热水锅炉，热水通过管道给液体加热。北方沼气池冬季产气少，可以用这种办法升温，以保证有机废水在沼气中得到充分的厌氧分解，减少后边分解池的分解负荷（图 6-21）。

生活区化粪池水可直接进分解池，而养殖场污水的前道工序必须有沼气池或多级化粪池。

图 6-22 是一组沼液处理及未处理的应用效果对比。盆栽下行右盆，浇灌 1 次沼液，生长极慢；左盆浇灌 2 次，出现死亡症状。上 4 盆是多次浇灌分解液的盆栽，生长旺盛。

我国各地规模农业普遍存在一个缺陷，就是农畜分开，种地的不养猪羊，养牲畜的不种地。这使耕地有机质的补充变得困难而成本高昂，而养殖废弃物的处理也困难重重且成本高昂。在新的农业发展阶段，我们应该学习一些发达国家农畜兼营的农业模式，在大农场饲养猪、牛、鹿等，甚至兼营鱼塘和小型养鸡场，使农田有充足而廉价的有机肥源，而养殖产生的废弃物又能实现零排放，节省大笔环境处理费用（见图 6-23）。

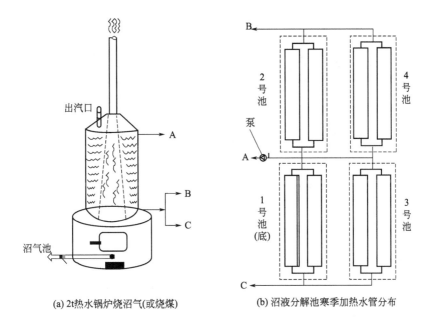

(a) 2t热水锅炉烧沼气(或烧煤)　　　(b) 沼液分解池寒季加热水管分布

图 6-21　沼液分解池寒季加热设计示意

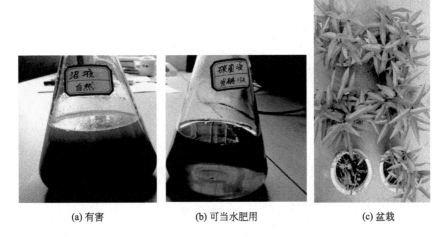

(a) 有害　　　(b) 可当水肥用　　　(c) 盆栽

图 6-22　沼液经有机碳菌液分解效果对比

以下以一个典型的家庭农场为例，见图 6-24。

在各项目建设规模方面，要先以种植面积定养殖品种和规模，尽量使养殖废弃物能在本农场内的农田中完全消化掉。以所举农场为例。

① 菜地　600 亩（年需有机肥 400t，二次处理沼水 4000t）。

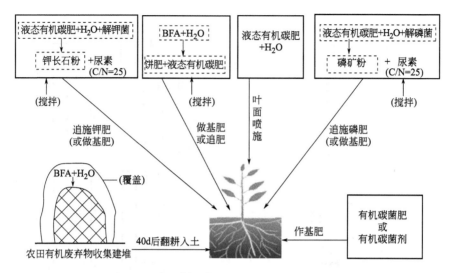

图 6-23　高效低成本有机农作物种植技术示意

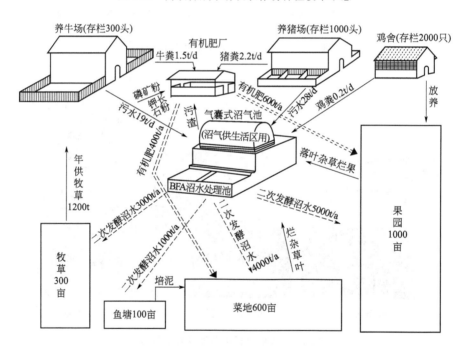

图 6-24　种养一体循环经济模式

② 果园　1000 亩（年需有机肥 600t，二次处理沼水 5000t）。

③ 牧草　300 亩（年需二次处理沼水 3000t）。

④ 鱼塘　100 亩（年需二次处理沼水 1000t）。

以上合计年需有机肥 1000t，沼水 13000t。

按照各养殖品种有机固液废弃物常规排出量，可分别计算出肉猪存栏 1000 头，肉牛存栏 300 头，肉鸡果园放养 2000 只，有机肥厂 1500m²。

在图 6-23 和图 6-24 中都有磷矿粉和钾长石粉参与造肥的表达。这是利用这两种矿物中含有较丰富的磷或钾的成分，在有机酸（例如黄腐酸）的溶蚀下，成为有机化合态植物矿物质营养，这就是有机种植所需的肥料。在图 6-23 中，在磷矿粉或钾长石粉与液态碳肥反应中，都加入尿素，是为了使解磷菌和解钾菌能获得 C/N 约等于 25 的繁殖条件，搅拌是为了提供细菌繁殖所需的氧气。具体操作中可按液态有机碳肥的 6% 即可。反应时间为 24h 以上。在有机肥发酵物料中加入磷矿粉和钾长石粉，是利用发酵过程中产生的黄腐酸和微生物对矿粉进行溶蚀，使之转化为植物根系可吸收的有效矿物质营养，增加有机肥中磷和钾营养的含量，使有机肥产品成为营养成分较全面的肥料，提高农作物的产量和质量。

在有机种植中，农户习惯买饼肥做氮肥。但有的使用方法不尽合理，例如直接把饼肥埋到地里，这样要很久才能释放营养，还会造成土里局部缺氧。如果以 BFA 粉：饼肥（碎块）：液态有机碳肥 = 1：20：100 兑水 5 倍浸泡，并间断搅拌之，经 6~8d 即可成为氮碳营养丰富且有一定速效性的肥料。

在上述"三农"模式中，应该重视土地的休耕、套种和轮作，例如以下几种作业模式。

① 果园套种豆科作物；

② 菜地轮作一季禾科作物；

③ 菜地轮作（休耕）一季绿肥作物；

④ 鱼塘岸线种植牧草；

⑤ 鱼塘轮作美国绿萍。

有机农产品种植的"低产"和"高成本"两大顽症，是思路和技术路线不对头造成的。光靠外购有机肥来种植，光靠"种地"一业来支撑，两大顽症定难破解。种养结合，内部循环，把握住有机碳营养（C）和微生物（B）两个"核心"，把一切可利用之物都利用起来，就能收到事半（成本）功倍（产值）的效果，走上可持续发展的道路。

这里详细讨论建立村级种养结合新模式的问题。

乡村振兴从本质上说就是让农民安居乐业，在这个基础上才有农村文化振兴和现代化转型。不必讳言，现在农村的民众普遍进入小康生活，居有小楼，衣食无忧，算是安居了，但乐业却未必。农村的青壮年大多进城务工，有少数留下来的也承包了土地做规模农业和设施农业。这也是农户普遍小康的主要原因，但大量中老年人却是无业可做，这批年龄在50～70岁的人，家家有1～2人，占农村人口25%以上。这些人不可能进城务工，也没有经营现代农业的能力。进城务工的劳动力，也理所当然地有相当一部分逐渐回流农村。因为他们的根在这，也是农村后备的中老年人。上述这些人很适合做些手工业或小规模养殖业。如果引导组织他们从事这些工作，不但可以有业可做，还能为社会增加财富，促进农村繁荣发展。可以这样说：乡村振兴离不开大量无业可做的中老年农民的重新就业。

要设计一种适合新时代社会主义农村的种养结合模式，既有别于旧式小农经济单家独户的经营，也有别于目前的种养分离的规模农业（见图6-25和图6-26）。该模式要素如下。

优选措施：种牧草，养牛、羊、猪、鹅、鱼，收集养殖排泄物造肥，反哺牧草地。

技术要素：利用有机碳菌技术，实现循环农业零排放。

经营方针：合作社为平台，股份制为构件，有钱出钱、有力出力、有地出地，人尽其才，专业分工，统一对外。

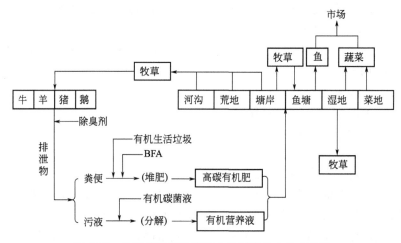

图 6-25　农村环保型种养结合的循环农业技术路线

创建新型种养结合的农村社会经济组织，有着重大的政治意义和历史意义。这是我国这个人口大国农村城镇化过程中必然会出现的历史阶段。因为在农业规模化和现代化进程中，把那部分被边缘化的约25%的人口带动起来了，其将继续我国农民勤俭持家的优良传统，给子孙后代做出好榜样。这种文化传承加上现代的商业文明，才能塑造出社会主

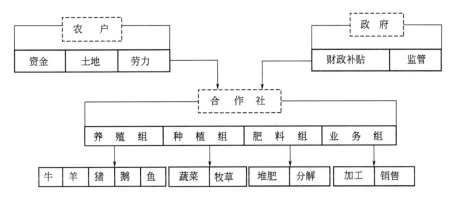

图 6-26　农村种养结合新型组织结构

义新农村。

　　农村推行种养结合新模式还有着显著的经济效益。现在有不少优质牧草每亩每年可收割二十几吨至几十吨，例如杂交狼尾草、巨菌草、管竹草、食叶草等等，还有水生的绿狐尾藻。这些牧草不但产量高，还富含蛋白质。而种养结合又可以源源不断地为牧草提供肥料，种草成本很低。以养羊（圈养）为例，设定每亩年产 30t 牧草，可每年出栏 10 头山羊，产值约 1.2 万元，以每人管理 10 亩和 100 头羊计，扣除人工和精饲料等成本费用后，每亩可得到毛利约 6000 元。如果一个乡村形成400 亩牧草养 4000 只羊的规模，每年可新增 GDP 480 万元，农民可增加收入（包括利润和劳务）近 400 万元。正所谓一业旺而百业兴，农村相关其他行业也会被带动起来。像加工、销售、饮食、运输、金融、建筑等，都会逐渐繁荣发达。一部分进城务工人员将返乡，利用进城形成的社会联系和农村的资源，开展新的创业。这就形成了仅靠进城务工带动农民致富的单一财源，向城乡双财源转化的新格局。

　　种植业兴起后，对自制肥料的需求必然增强，不但畜禽养殖的排泄物会被收拾干净，甚至农村生活垃圾也会成为肥料厂的抢手货，各家各户的化粪池也会被分解为有机营养液输送到湿地种牧草。农村的环境将变得十分文明卫生，老百姓就真正实现安居乐业了。

第三节　糖业产业废弃物治理和循环经济模式

　　我国是世界上糖产量和糖消费量的主要国家之一，数以百家大型制糖企业几十年来为我国人民的食糖和其他关联食品的需求提供了保障，但同时也对周围的环境产生出了不小的"负贡献"。随着环保压力的增加，各糖业产业也对其污染源的治理都坚持不懈地做了大量投入。在某些环节例如烟尘治理、蔗渣造纸、滤泥造肥等方面，取得了非常好的效果，相关的治理工艺技术也进入成熟阶段。但从治理的全面性和综合经济效益来看，还有待提高，还应该与时俱进，应用先进科技把废弃物的回收利用做得更彻底更有经济效益。本节特别针对糖业产业这方面的问题，介绍如何用生物腐植酸技术进一步深化治理，从糖业产业废弃物中"淘宝"。

一、糖业产业废弃物情况

我国蔗糖产业规模企业主要包括：规模甘蔗制糖厂约 150 家，关联的以废糖蜜为原料生产酒精、味精、酵母的企业 130 多家。全国上述企业产生的主要废弃物情况如下。

① 废蔗渣粉（俗称蔗髓）每年总量约 200 万吨；

② 滤泥每年总量约 400 万吨；

③ 废糖蜜加工酒精（味精、酵母）产生的废水（含干物质 10%）830 万吨。

目前各相关企业对上述废弃物的处理，普遍采用的技术如下。

（1）蔗髓　以作辅助燃料为主。多数情况是掺入煤粉一起送入锅炉。也有一些糖厂索性把锅炉改造成燃烧蔗髓为主。这些办法是把蔗髓"吃"掉了，节约了煤的用量，但蔗髓热值很低，同是干物质其热值是标煤的 1/3 左右，同时因密度小，大量蔗髓被热风从烟道卷走，形成大量粉煤灰。所以目前普遍应用的"燃烧法"，不是处理蔗髓最合理最有价值的方法。另外有些地方用蔗髓做食用菌的培养基料，这是有价值的应用，但食用菌的种植有很大的波动性，有些年头种植面积大，蔗髓被当作宝抢，有的年头不是这样，蔗髓就只好填入锅炉了。

（2）滤泥　部分糖厂附办有机肥厂，可用滤泥作主料生产有机肥。但一投产，问题就出现了：一家年产 4 万吨糖的糖厂，榨季仅为 120d 左右，每天产生 140t 滤泥。用传统的槽式翻堆发酵法，其发酵时间达 20 多天，即必须有容纳 3000 多吨料的槽才能连续吃掉这么大量的滤泥。许多厂限于土地面积和设备投资，都做不到这一点，所以大量的滤泥如山堆在厂区附近数月，乃至一年，使厂区环境变得恶化。也有一些糖厂没认真处理，有时任由外界拉去下地喂鱼。然而从本质上看，这只是分散污染而已，这种方法越来越行不通。

（3）糖蜜深加工产生的废水　例如酒精废水、酵母废水、味精废水，干物质含量一般可达 10％，是严重污染源。过去向河流直排的做法已经不能再干了，于是各厂家就八仙过海各显神通。

① 通过工业化浓缩装置，浓缩成含水率 50％ 左右的浓缩液，把这种浓缩液同泥炭粉及化肥（粉）混合造粒，作为有机-无机复混肥出售。在高温漫长时间内浓缩而成的有机浓缩液，分子团缩合，呈棕腐酸状态，在土壤中不能被农作物吸收，须经长时间微生物分解才能被利用。而泥炭粉未经发酵不能当肥料用。所以这种肥料仅化肥能发挥肥效，"有机"部分是不合格的。

② 将浓缩液经喷雾干燥装置加工成干粉，当"黄腐酸"到处卖。这种经高温喷雾的粉剂，有机质含量很高，有较好的水溶性，但 AOC 值很低，充其量也就是棕腐酸，而不是黄腐酸，更达不到有机碳肥的水平。

③ 有的企业把浓缩液输送到锅炉烧掉。由于浓缩液含糖分较高，黏性大，烧几天就把锅炉的管道和除尘装置糊得一塌糊涂，清理极其困难，这种做法逐渐被放弃。

④ 个别企业采取鸵鸟政策，把废液浓缩了，雇社会上的罐车拉出去处理。这就出现了罐车拉浓缩液乱排乱倒的现象，最终还是污染了环境。

⑤ 近几年出现先将废水收集到沼气罐产沼气，沼气发电，沼液抽排去灌甘蔗基地。这种处理经较长时间运作发现又不行了。沼气水缺氧，多次灌地造成土壤严重缺氧。于是又出了一个新招：对沼气水进行氧化，使其中的小分子有机物以二氧化碳的形式排掉，这就解决了缺氧问题。可是沼液中的有机营养也十有八九进入大气中了。

糖蜜加工废水的有效处理，目前尚在摸索之中。2001 年我们从开发腐植酸的角度介入了这种废水的研究，使这一领域的处理技术出现重大转折和发展。

二、糖业有机废弃物是生产有机碳肥的优质资源

（1）蔗髓富含纤维素和糖分，是制造生物腐植酸（BFA）的上佳原料。每生产 100t 蔗糖会产生 23t 蔗髓（含水约 45％），一家年产 4 万吨蔗糖加工厂，每年会产生约 9200t 蔗髓，配以其他辅料，可生产 7800t BFA 粉，工业产值为 6200 万元。这个工业产值相当于该糖厂蔗糖产值

的 1/5。

（2）每生产 100t 酒精需处理 453t 废糖蜜，会产生高 COD 废水 1300t，这 1300t 废水可浓缩加工含水率 50%，含 AOC 12.5% 的液态有机碳肥 260t。生产过程除排出水蒸气外，没有其他"三废"产生。260t 液态有机碳肥工业产值 150 万元，其使用价值相当于 5000t 普通有机肥即 400 万元。

全国每年蔗糖加工形成约 174 万吨废糖蜜，其加工后的废水如全部回收，可加工成液态有机碳肥 100 万吨，工业产值 50 亿元。这个工业产值相当于全国年蔗糖总产值的 1/5。

（3）"亚硫酸法"制糖所产生的滤泥适合制作有机肥。但由于滤泥的特殊性，用其制造有机肥应注意两点：一是含水率太高，一般压滤法产生的滤泥，含水 70% 左右，不能直接发酵，必须加入各种干性粉状有机物料减水，才能建堆发酵。二是滤泥产生的季节集中性，每个糖厂 120d 左右的榨季中天天产生数以百吨滤泥，必须每天"吃掉"，否则每天几十成百吨滤泥得不到处理，会堆积如山且恶臭不堪。因此发酵工艺一定不能采用发酵周期长、工艺又复杂的槽式翻堆法。而应采用"建堆发酵（不翻堆）→高堆焖干"法，也即在前面介绍过的 BFA 发酵有机肥技术。

一家年产蔗糖 4 万吨的工厂，每年产滤泥（含水约 70%）1.68 万吨，加入其他辅料后发酵、干燥，可得有机肥料约 1.7 万吨，工业产值约为 1360 万元。

（4）按以上工艺生产的滤泥有机肥是高碳有机肥，还达不到有机碳肥的水平。下面介绍利用滤泥、有机废水浓缩液和 BFA 粉生产固体有机碳肥的工艺路线（图 6-27）。

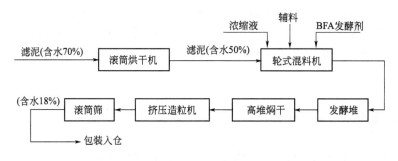

图 6-27　固体有机碳肥生产工艺流程

在此工艺流程中，有机废水浓缩液用量约 25%。以完全"吃掉"每天 140t 滤泥为目标，第一道烘干后得滤泥 84t，加 BFA 和辅料共约

15t，可利用有机废液浓缩液 30t，最后可得有机碳肥（颗粒型）90t。该产品的 EC 值大于 5％，其有机肥力相当于普通有机肥的 10 倍。必须注意的是烘干环节，应控制热风温度，使物料温度不超过 80℃。

一家年产蔗糖 4 万吨的工厂，将自身产生的滤泥全部用来生成有机碳肥（颗粒型），可年产 1.08 万吨，工业产值约 3240 万元，其使用价值相当于 10 万吨普通有机肥。

三、糖业有机废弃物利用转化是该产业结构调整的方向

综上所述，糖业产业大量的固、液有机废弃物，确实是有机碳肥的丰富而又可再生的资源。以一家年产 4 万吨蔗糖的企业为例，其几种固液有机废弃物都能全部利用生产有机碳肥产品，就会出现一个庞大的，年工业产值达到 2.1 亿元的新型联合企业，见图 6-28。

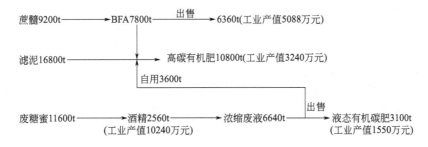

图 6-28　年产 4 万吨糖的有机废弃物深加工联合企业示意

实行这项技术改造后，该糖厂年新增工业产值 2.1 亿元，相当于主业（蔗糖）年产值的 70％，实现一厂变两厂，同时这些往日重大污染源的废弃物都实现零排放，加工过程又不产生新污染，免去了环境治理一大笔费用。所以其新增部分的利润将比主产业还丰厚。

四、有机碳肥为糖业领域农工一体化解决了技术障碍

多年以来，糖业领域一直有人在思考和推动农工一体化。因为糖业加工厂周围，一般都有大面积甘蔗基地。如果能把制糖工业的固液有机废弃物引导到甘蔗田，不但解决了糖厂排放问题，还可以向蔗田低成本地补充有机肥。但是实践证明：不论是滤泥还是酒精废水或是经沼气罐处理后排出的沼液，直接施于蔗田都会造成土壤缺氧和酸化，多次施用的蔗田两三年内几乎寸草不生。这样，美好的愿望就因废弃物没有适合

的处理技术而成了泡影。

在对有机废弃物的处理进入"有机碳肥时代"后，这种技术障碍不存在了。利用糖厂有机废弃物制造的几个有机碳肥品种都可以年年施用于耕地，包括甘蔗基地。实践证明：在合理配用化肥的情况下，每亩蔗田每年使用有机碳肥 30～40kg（几个品种平均），同样用肥量甘蔗比纯复合化肥的亩产量提高 20％～25％，含糖量提高 1～1.5 个百分点。如出现异常天气灾害，对比增产率还更高。

有机碳肥的固体品种单位面积用量比化肥还少，可以同化肥混合施用，非常方便。液态有机碳肥每亩年用量累计不超过 12kg，可以兑水泼洒，也可以管道输送和滴灌，同样也很方便。所以只要化肥能到的地方，有机碳肥也能到。这就使糖厂有机废弃物最终回归甘蔗基地扫清了一切技术障碍。

现在我们还举"年产 4 万吨糖"的工厂为例，其所需甘蔗基地约为 6 万亩，每年可消化有机碳肥（各品种平均）2400t，用量比以往施有机肥的量少了 90％。如此，甘蔗基地实现有机-无机混合常态化施肥就成为可能，土地的不断改良和永续耕作就能变成现实，这是最终达到蔗糖产业农工一体化的重要保证。

有的糖厂（酒精厂）已实施了废液沼气发电工程，可有效借鉴猪场沼液处理工艺，用 BFA 二次发酵沼液，发酵后经过滤，把液体通过泵-管道系统输送到蔗田。

第四节　其他大宗有机废弃物治理概述

现在我国还有其他大宗有机废弃物的污染，没能很好解决，这类有机废弃物包括：造纸黑液、黑泥和纸浆渣，生物制药厂的药渣，中药厂的中药渣，糠醛渣，污水处理厂污泥，垃圾填埋场渗透液，大型养牛场的牛粪污水等。

实际上国内有不少专家一直致力于这些有机废弃物的回收利用研究，只是受腐植酸理论的束缚，把这些治理产物引向叶面喷施肥的方向，格局小，市场窄，容不下那么大批量排山倒海地涌来的有机废弃物。这是问题的关键。

当我们认识到上述这么多种大宗有机废弃物作为肥料，其核心功能成分就是有机碳，并运用我们手中的各种技术措施使之转化为 AOC 值高的有机肥料，也即成为固液有机碳肥，那么这些转化物面对的就是十几亿亩农田和二十几亿亩草场，这是多么巨大的市场！所以借此机会呼吁各污染排放企业，同化学和生物专家联手，把你们每天排放的数以百吨千吨的固液废弃物转化为高碳有机肥或有机碳肥，让企业一业变多业，实现零污染，并为农业的沃土工程做出贡献。

具体实施应实事求是，因地因料制宜，选定最合理经济的技术路线，找准最可行的市场。例如，污水处理厂的污泥，就要具体分析。有的污泥含重金属不超标，就可以同其他物料如干粪或秸秆粉混合发酵制造有机肥。有的污泥含重金属超标，就不可以制造肥料，目前大多采取填埋，但有不少城市连填埋的地方都没有，可以通过特制滚筒烘干机制成颗粒状"炭球"，出售给制砖厂压制到砖坯里，在烧结时这些"炭球"会产生热量，节约大量煤炭，还使砖块减重，一举两得。还有垃圾填埋场渗滤液，一般有害物质会超标，可通过氨化活化技术，变成园林绿化用肥。大型养牛场粪污量大，含水量近90%，处理成有机肥加工成本太高。这里可转化一下思路，把这些粪污通过降解氧化，成为小分子有机物，过滤后的液体，就是低浓度液态有机碳肥，可兑水经管道输送去浇灌牧草地，实行循环经济。中药渣也可以采取类似的方法处理成低浓度液态有机碳肥，就近向农田输灌。

多年来流行一句话，废弃物是放错地方的资源。大多数有机废弃物目前最合理的去向就是制造有机肥料，更高层次就是有机碳肥。这种转化越彻底，环境就越优美，农田就越肥沃，食品就越安全。

第五节　县域农业物质循环

土地短期承包制和青壮年劳动力的离开，造成传统的有机废弃物循环回到农田的机制失去动力和执行力，物质循环断了，乡村也逐渐被垃圾包围了。

在新农村建设中，一定要充分体现有机废弃物回收利用和农民就业两大元素。这是农村越发展，环境越优美，群众越富裕的保障。切忌只顾修路建洋楼，一阵风搞"新农村"。当然，诸如文化设施建设和传统文化传承等也是新农村建设的主题之一。

农村有机废弃物回收是否彻底，除了生活垃圾分拣外，还有一件要事，就是马桶粪水与家庭洗涤污水要分开。如此一来排放污水中的

COD 大大降低，对于大部分农村来说，洗涤污水与雨水合流直接排到附近的湿地或河流，不会出现环境污染。而马桶粪水得到回收经沼气池产生沼气，又把沼液再处理成液体有机肥去农田，实现回收利用，可使附近农田得到有机质源源不断的补充，节省大量化肥。实际上，新建城镇和大城市新区，都应实行粪污与涤污分流，以实现粪污回收转化归田，并减轻污水处理厂的压力。

再就是农民的就业问题。新型农村只是农业生产形态转变，"农"的本质不能变，它仍然是向社会提供农副产品的生产基地，同时也是我国几亿劳动力就业的主要领域。在这个"变"与"不变"当中，起主要作用的是两条：一是政府的规划引导和资金投入，二是科技和信息水平的提高。在新农村建设规划中要有超前五十年的眼光。使农民适当集中居住，过现代化居民的生活，又要组织他们人尽其才地从事现代化农业、畜牧业、加工业、服务业。过去社会对蛋白质需求由农村供给，如今转变为大企业专业生产供给，造成农村诸多问题，其中最突出的是人口"大迁徙"的现象。新农村建设应该使这些问题消减下来，而不是继续加剧。让数以亿计的基本劳动力能在家乡附近的城镇和农村就业，应该成为我国农民安居乐业幸福生活的特色画卷。

图 6-29 所示是新农村有机废弃物回收转化循环示意图。

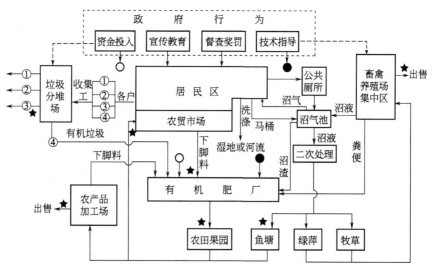

图 6-29　新农村有机废弃物与关联产业循环
（图中★为农民主要就业点）

为了实现有机废弃物就地转化利用，农村周边的畜禽养殖场的规模应以中小型的适当集中为宜，因为当地农田果园的面积有限。实际设计中可以用反推法根据农田规模和其他有机废弃物的生成量来计划。例如一个 10000 人口的居民区，周围农田面积约为 2 万亩，计划如下：

$$2\text{万亩} \longleftarrow \text{年需有机肥16000t} \left\{ \begin{array}{l} \text{生活垃圾有机物料1300t(干物质)} \\ \text{其他下脚料沼渣1700t(干物质)} \\ \text{畜禽粪便12000t(含水70\%)} \end{array} \right.$$

2 万亩农田果园年需 16000t 有机肥，考虑 10000 人口居民区生活有机垃圾生成量和农副产品加工下脚料及沼渣等资源化利用，还需增加 12000t 畜禽粪便。通过常理计算可推断，这个居民区能容纳 1200 头肉牛加 15000 头猪加适量禽类的存栏量。这就是该居民区畜禽承载量的极限。有机肥厂的设计规模则应按年产 2 万吨，以便应对畜禽养殖随市场增减的波动，本区土地容纳不了的有机肥可以出售。

在这种有机物质大循环的框架内，加以少量化肥，农作物基本实现高效有机种植，2 万亩农作物及其加工品年产值可达到 2.5 亿元，畜牧业年产值可达到 5000 万元，合计农牧业总产值 3 亿元，该区年产值人均 3 万元。这是对过去传统有机农业方针的肯定，又是对其在高新技术基础上的提高。人类农业生产不但回到理性，还实现了量的螺旋形上升和质的升华。

由于实现了肥料的基本自给，畜牧业又能利用大量低成本辅助饲料，零排放又免去环境治理费，该区农副业生产成本比普通"单业经营"方式同产值的生产成本低 30% 左右，因此上述 3 亿元 GDP 的"含金量"很高。把这 3 亿元收入分摊到该区占人口 60% 的基本劳动力，每个劳动力年均收入达 5 万元，扣去生活成本，比在城市里打工收入多出 35% 以上。

所以科学地规划新农村建设中的循环经济，农副业并举，农工商联合运转，未来农村的经济效益将大大提高，群众的生活水平将很快赶上城市。农村产业的现代化，应充满信心地立足于"农"字来搞，一般不要跟大中城市争非涉农的工业项目。农村用自己的短处去同城市竞争，不但在经济方面不可取，还会使农村有机废弃物无法循环利用，使环境急剧恶化，长远来说得不偿失，对国家整体产业布局也不利。近年开始出现对苏南农村发展模式的质疑和反思，其要点就在这里。

从许多论述可见，要解决土地板结，农作物品质下降和农产品安全等问题，都绕不开耕地有机质含量大幅度提升这一点。再考虑城乡环境治理中有机废弃物的回收利用，就能勾勒出一幅清晰的"新沃土工程"大蓝图，这个蓝图的技术路线主要执行点如下。

① 坚决实行垃圾分拣制度，把有机垃圾收集起来，转化为有机

肥料。

② 实行家庭排水分流,马桶水专管输入化粪池或沼气池,洗涤水排到污水处理厂(城市)或随雨水道直排湿地河沟(农村)。

③ 使新农村成为解决全国人民食物的主要生产基地,又是当地农田有机肥原料的产生地。应以乡镇或大居民区为单位布局有机肥厂,使当地有机垃圾和畜禽粪便就近转化为有机肥,有机肥就近下田,形成广大农村"新沃土工程"所需的源源不断的有机肥源。

政府应投入资金支持"新沃土工程"运作网络的建设,规范有机肥厂工艺技术,尽量应用生物腐植酸无臭免翻堆发酵技术,该技术设备少、能耗低、工艺简单、产品肥效高,适合普及推广。还应大力促进农业专业大户、农民合作社和家庭农场等新型农业产业形态的发展。这样新沃土工程才能不断进行下去,奠定农业持续发展的根基。

第六节　构建物质大循环的"城市型农业"

城市人口快速膨胀,废弃物生成量与日俱增,"垃圾围城病"从一个城市"传染"到另一些城市,至今这个势头仍未衰减。与此同时土地贫瘠化加剧,土壤板结,化肥利用率递减,化学农药使用量递增,农产品安全问题日益突出。

所以环境治理的根本问题,首要的是执政理念要转变,各级政府要重视起来。其次是技术路线问题。如焚烧和填埋两种方法的作用是有限的。焚烧法最先进的是焚烧发电,但投资非常巨大,而运行效益却不佳。这对于大多数城市来说都不好接受。填埋法需要占用大量的土地,不利于可持续发展。还有大量有机废水,要么不处理就排掉,要么用化学法和氧化法分解掉,前者扩散污染、后者耗能严重。亟待寻找新的技术路线,走节能减排之路。

把两个大问题拉在一起:垃圾与农田,如果把农田变成有机垃圾的填埋场,这两个问题就都消解了。当然,这种"填埋"必须是经过科学加工转化的。这方面的工艺技术目前最先进而又简单可行的就是生物腐植酸有机肥和有机碳肥生产技术。

"垃圾与农田"问题需要政策支持。垃圾资源化利用首先就要分拣,把可再生化学料转去化学工厂做成再生料或用品,把建筑杂物等无机料转到"强力"部门强制"再生"成建筑构件,把有机垃圾转到肥料厂做有机肥，把有机废水转到处理站，通过多种不同措施转化成有机水肥或液态有机碳肥。只要做到这些就可以把非填埋不可的垃圾减量到20%以下。

城市周边合理分布有机肥厂，支持规模农场办有机肥厂，消化城市有机垃圾和化粪池水（或沼水），并以此为植物营养的主源，就能实现城市果蔬自给或半自给。

现在来分析一个中等城市的垃圾，分拣处理和可资源化利用的成果如何。一个100万生活人口的城市，平均每天产生生活垃圾1200t，其中：

① 可再生化学品200t；

② 可利用建筑废料（不包括建筑工地产生物）100t；

③ 必须填埋料300t；

④ 可转化的有机物料600t。

这里把前三项交给其他专家去处理，单讲这600t有机废弃物。600t有机废弃物，含水率约为70%，通过工厂加工可产出合格有机肥料280t，全年共可生产10万吨，可使12万亩农田得到足够有机肥的补充，其价值相当于8000万元。这10万吨可分成多个几千吨一个的单元让规模农场去做，政府补贴设备资金和给予技术指导。假如12万亩农田都种蔬菜和水果，每年可收获约80万吨优质果蔬，等于这座城市每人得800kg，这相当于这座城市全年果蔬的消耗量。

通过坚持不懈地践行，就能构成有机垃圾由产生者到农田到果蔬市场又回到产生者餐桌的一个大循环，如图6-30所示。

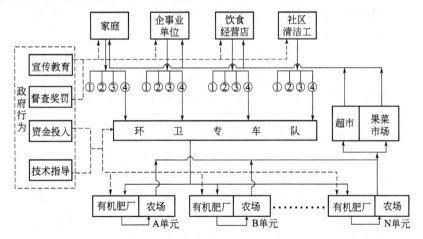

图6-30　城市有机生活垃圾转化循环示意
①可再生化学品；②可回收建筑废料；③不能利用废料；④有机废料

这个循环的意义太大了！不但解决了该城市 50％垃圾的回收利用，同时使其他垃圾回收利用变得简单，真正须填埋的只剩下 20％左右，节省一大笔环保开支，还使这座城市周边的农场节省了大量肥料款（化肥用量可以减少 50％以上）。同时就近解决了这座城市几乎全部果蔬的供给，节省了外地每年向本市调运数十万吨果蔬的物流资源。

在城市化浪潮中，农业的发展普遍不受重视。更没有一个城市在其"现代化大农业"规划中引进物质大循环概念，这值得深思。

基于"干净城市"和"培肥地力"的城乡物质大循环，与几十年前农村的物质小循环本质是一样的，是可持续的。物质不循环，人类生产生活产生的垃圾去烧掉、埋掉、排掉，是不可持续的。

建立物质大循环的"城市型农业"，并将其纳入城市经济发展和市政建设两个范畴进行规划，有如下重大意义。

① 把城市每日数千吨的可回收废弃物大量转化为农业资源，实现有机废弃物的零排放，在大大改善城市环境的同时，又培肥耕地，节省大量化肥，提高农产品的产量和质量。

② 使市民吃到健康安全、价廉物美的农副食品，提高市民幸福指数。

③ 在城市近郊至远郊合理布局现代化、规模化的蔬菜基地、果园、畜禽鱼养殖场，提高城市农副产品的自给率，既可引导大量资金投入农业，避免资本的无序竞争和投机冒险，还可增加大量新的就业岗位。

④ 政府政策性的农业扶持资金和环保资金的使用目标更准确，更有效率。

⑤ "城市型农业"的出现将促使我国农业科研院校的科研体制和研究方向发生剧烈变革和进步，为国家培养大量二十一世纪新型农业技术人才，并反过来加快"城市型农业"向工业化、信息化蜕变。

⑥ "城市型农业"作为最先进、最高效的农业，将进一步加强我国农业的基础，并成为全国农业现代化的领头雁。这将提高农业现代化的科技水平，加快农业现代化的进程。

要实现"城市型农业"，实行城乡物质大循环体制和技术方针也是关键。否则"城市型农业"就会被做成空洞的口号和新的形象工程。

城市有机废弃物主要有污水处理厂污泥，大酒楼、大餐厅的厨余，社区有机生活垃圾，厕所化粪池粪水，果菜集散地下脚料，近郊工厂有机排放物，还有郊区养殖粪便污水，远郊农田秸秆等等。下面将主要以这些物质的科学循环利用，与"城市型农业"的建立，作一个整体模型设计。如图 6-31 所示。

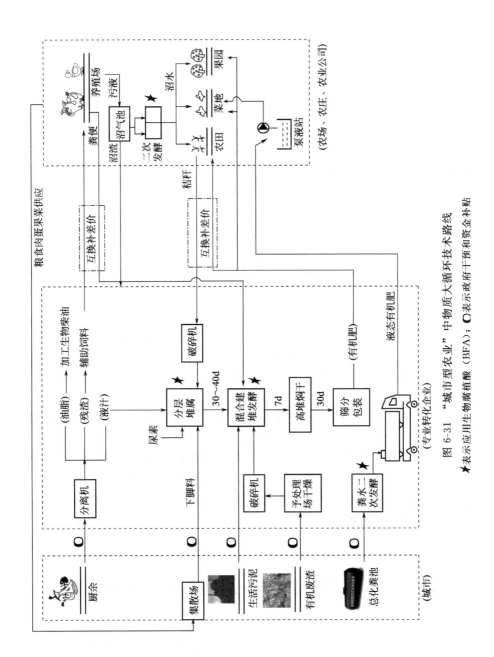

图 6-31 "城市型型农业" 中物质大循环技术路线

★表示应用生物腐植酸（BFA）；◯表示政府干预和资金补贴

真正意义上的"城市型农业"其本质是把可利用的城市废弃物最大限度地转化成农业资源，达到城市干净，土地肥沃、农产品成本下降、食品更健康安全。在这个基本方针下，力争提高城市农副产品的自给率，提高周边农业对本城市的依存度，组成"城乡共同体"，产生一种新的"近距离"供求关系，减少农民种养殖的市场风险，使市场保持稳定繁荣。

从图6-31可见，要达到这个目标，政府必须在废弃物收集方面加大资金投入和监管力度，使专业循环转化企业能运转起来。没有行政力量的多方介入，专业企业用钱也买（收）不来那么多分散的资源，收来转化的产品也不容易被农业企业认可使用。

实施循环转化的公司必须应用先进、节能、高效的有机废弃物转化技术，转化过程不能产生新的污染，才有存在下去和发展起来的条件。对此政府有关部门也应该适度干预（方案把关）和指导，因地制宜地制定转化工程的技术规范和工艺方案。

每个大中城市都应该把建立"城市型农业"作为节能减排和建设幸福家园的大事对待。如何充分利用社会主义制度的优越性，把扶持农业和环保投入的资金用到点子上，用到"城乡物质循环大业"上，是对政府行政能力的挑战和考验。下决心持续地把物质大循环抓好，就能建设起一座又一座城乡繁荣、百业兴旺、水清气净、人民幸福的大中城市，我国城市化建设就能避免走入"边发展，边污染，再治理"的怪圈，使发展付出最小的代价，发展的步子走得更快更稳健。

农业现代化是国家现代化最难的领域之一。有了成功创建"城市型农业"的经历和经验，再结合类似新疆石河子农垦区和黑龙江北大荒农垦区几十年城市建设的经验，就能在各大农业区域逐步创建"农业型城市"，使社会主义新农村建设有着更科学、更现代化的模式和方向。如此，我国大地一场新的更深刻的变革就能真正展开，这将奠定我国作为世界农业强国的基础，我国人民一百多年来的强国梦就能加快实现。

第七节　实行对耕地多渠道多层面的碳覆盖

地球是碳星球。组成地球上所有生命体的基础物质是有机质。有机质是以碳元素为框架，与其他相关元素按一定规则形成的组合体，所以碳是生命体的基础元素。

世界农业文明史的经验显示：只有遵循物质循环的规律，农业才能持续繁荣。这种"物质循环"的本质就是碳循环。是把植物辛辛苦苦转化积累的太阳能以碳养分的形式反哺土地，而不是烧掉或处理排掉。这就是贮碳于土。

现在大量耕地土壤贫瘠，土传病害频繁，根本的原因是缺碳。土壤修复的第一要务是给土壤补碳。

我国耕地土壤贫瘠化严重。2015年官方公布资料显示，我国耕地土壤有机质含量平均仅为2.08%，这是近40年大部分农业区不搞物质循环，而实施"化学农业耕作"的结果。对农业来说，没有比修复土壤更重要的了。对修复土壤来说，补碳至关重要。

修复土壤和补碳，俗话说就是"养地"。在此来做一道简单的"养地数学"：继续化学农业耕作，土壤有机质含量平均每年下降0.05%，20年下降1%。也就是说到2038年，我国耕地土壤有机质含量平均将跌到1%，这是荒漠化的水平，农业的根基彻底崩溃。如果全国都实行边种植边养地，以每亩耕地每年平均下足2t合格有机肥，或每茬都实行高质量秸秆还田，等于每年向耕地土壤补充0.3%的有机质，减去每年消耗掉0.05%的有机质，耕地每年平均可增加0.25%的有机质，10年后就可以使全国耕地有机质含量平均达到4.5%，这相当于"良"的水平。到了这种水平，我国农业年产量同比将提高60%以上，而农药和化肥的用量将大幅度减少。只要十年，我们就能从农业大国跃升为农业强国。

养地表面上讲是补充有机质，实质上就是给耕地补碳，也就是说补充有机质不能乱补，把给耕地补充有机质变为对耕地搞有机污染，要以实现"碳（营养）转化"为目标。

图6-32是"碳转化"原理和多种措施。

利用工农业和生活有机废弃物，经微生物分解、化学裂解或高能物理碎解，或以上多种方法合成，生产富含小分子水溶有机碳的有机碳肥。

对耕地补碳措施很多，归纳起来，可表达为如下几方面。

① 以畜禽粪便为主料，以多种有机废料为辅料，进行科学堆肥。
② 以固液有机废弃物为原料制造有机碳肥（超级有机肥）。
③ 以有机碳菌技术把大量低浓度有机废水转化为有机营养液。
④ 以有机碳菌剂（BFA）进行高质量的秸秆还田。
⑤ 大农场和农庄都实行种养结合模式。
⑥ 使化肥的制造或施用与有机碳肥相伴而行，即化肥"碳化"。

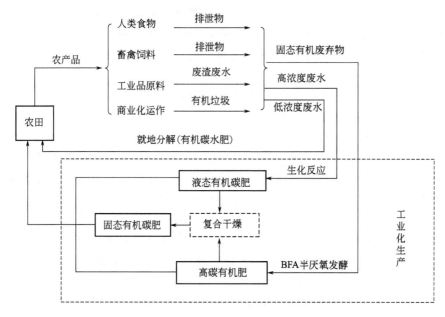

图 6-32　有机碳肥技术促进大物质循环示意

　　以上几方面的措施就形成对耕地多渠道多层面的碳覆盖，如图 6-33
所示。

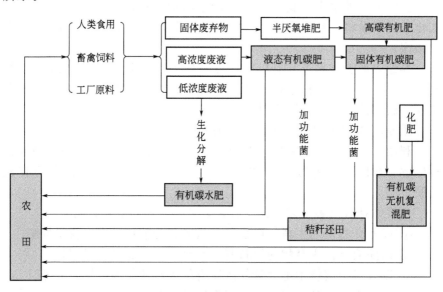

图 6-33　实行对耕地多渠道多层面的碳覆盖

　　有机碳肥技术体系的目标就是创建"富碳农业"。工业和经济社会要低碳，可农业必须富碳，因为只有农业富碳，才有了地球的碳循环，才会有持续健康的农业生态系统。

富碳农业不光指给土壤补碳。给土壤补碳只是"地补"。还有一个补碳渠道是"天补"：给局部农作物环境增加 CO_2 浓度或者增加光照时间和有效光谱密度，以增加农作物的碳积累。

英国人实现"捕捉 CO_2"压缩打包沉到大西洋海底，而我国把 CO_2 打包用于设施农业已是成熟技术。鉴于 CO_2 转化为植物的物质积累需要耗能，人们幻想着能否发明一种替代叶绿素进行 CO_2 光合转化的机器，直接制造有机质食品？笔者估计这条路还很漫长，就是造出了食物也只能供太空人享用。但是有机碳养分通过根系吸收转化不必耗能。这就可以提供一个启示，能否通过一种装置直接把 CO_2 和 H_2O 裂解复合成碳水化合物（有机碳肥的一种形式），通过根部施肥给农作物补碳？实现这种转化，把这种装置摆到田间，就能更大规模地把 CO_2 直接用于农田，就能把全球的碳排放大大降低下来，而使农业获得一个有机营养肥料的不绝来源。

第八节 农业生态系统的阴阳平衡与富碳农业

农业生态是地球环境生态大系统的重要组成部分，农业生态系统又由许多子系统组成。例如种植和养地组成的农作系统、土壤与农作物组成的农田生态系统、有机养分与无机养分组成的肥料系统、有机废弃物处理与土地之间的循环系统等。

无论农业生态大系统还是其子系统，都遵循阴阳平衡的运行规则。阴阳既是系统的内涵，阴阳之间的平衡又是系统良性循环的保障。平衡被打破，系统稳定的基础就被摧毁。

本书重点分析农田生态系统和肥料系统的阴阳平衡规律、维护这些平衡的基础物质（碳）及其运行方式。

一、农田生态系统

1. 土壤的生态功能

健康的土壤蕴含着复杂丰富的微生态体系，土壤与其承载的植物之间存在着日夜反向而又永不止息的气体循环，从而起到空气净化器的作用。土壤贫瘠化：板结或盐渍化，土壤这种气体循环就弱化了，自我修复的能力也下降了。这就不但丧失了土壤对环境的净化功能，还严重削弱了土壤对自然灾害（冷、热、旱、涝）的缓冲能力。土壤缺碳，碳氮比失衡，氮肥不能被作物充分吸收，就转化为有毒物质污染水域，转化为气体氮化物污染大气。所以土壤质量是农业生态系统的基础，其关系到绿水青山的存亡。

2. 土壤的肥力功能

土壤三种肥力（物理肥力、化学肥力、生物肥力）也是一个大系统，它们之间互相联系，互为条件，连环促进，推动土壤中能量的转化和传递。在原生态环境只要水分和阳光条件适合，植被都十分茂盛，这说明土壤与植物联手创建了一个自肥体系。健康的土壤能对有机质和矿物质进行复杂的二次加工，土壤就是一个消化系统。那些不易被吸收的有机质和矿物质经过"消化"，被加工成小分子有机态养分，才被植物吸收。这就显示了土壤的肥力功能。

3. 土壤生命的丧失

土壤是生命体，永不停歇地进行着从微生物到农作物（根系）的复杂而丰富的新陈代谢活动。但也看到，过度的索取而不给予（养地），便能使土壤恶化，如图 6-34 所示。

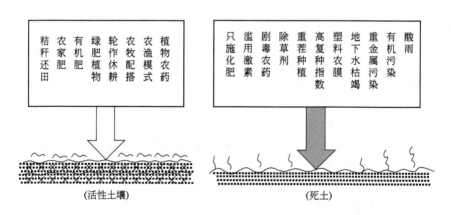

图 6-34 耕地土壤形势对比

可见只顾收庄稼，而不管养地，收养失衡，土壤就丧失了生命力，农业生态系统的基础就被摧毁了。

二、农业生态系统中的碳循环

（1）碳是植物必需的基础元素　地球是碳星球。因为组成地球上所有生命体的基础物质是有机质。有机质是以碳元素为框架，与其他相关元素按一定规则形成的组合体，所以碳是生命体的基础元素，也是植物必需的基础元素。

（2）土壤贫瘠化的主因　微生物是土壤三种肥力的基础动力。碳养分是土壤微生物的能源，所以碳养分是土壤肥力的核心物质。土壤有机碳养分耗尽，导致土壤肥力衰竭，是土壤贫瘠化的主因。农业物质循环的本质是碳循环。长期的"化学农业耕作"使物质循环断了，土壤得不到碳养分的补充，造成土壤贫瘠化（板结或沙化）并引发多种土壤病。

（3）土壤质量的判断　土壤中的有机质含 58% 左右的碳，但这些碳须经长时间微生物分解或化学反应才能以小分子有机碳形式缓慢少量析出，成为可被植物和微生物吸收利用的碳养分。所以有机质中的碳不能认定为碳养分，有机质仅是碳库。因此可用土壤有机质含量来标示土壤肥沃程度（见图 1-6）。

耕地面积减少是减法，耕地质量下降是除法。3% 有机质含量是红线，必须像守住耕地总面积红线一样严防死守！

三、植物碳养分"二通道说"

（1）CO_2 被叶片吸收光合转化成碳养分，是"主通道"。小分子有机碳由根系吸收被植物直接利用，不耗能。"根吸通道"同步影响着"主通道"的转化效率。这就是碳养分"二通道说"。

试验田每亩仅用 3kg 液态有机碳（干物质 1.5kg），地面生物量就增收 980kg，折合干物质 210kg。这说明：

① 形成植物碳积累的主要碳源来自叶吸 CO_2；

② 根吸碳养分对叶片光合作用效率有重大影响，起到了四两拨千斤的作用。

（2）有机碳肥　植物碳养分的存在形式是可水溶小分子有机碳，其含碳量称为"有效碳"（AOC）。

分子粒径几十至几百纳米的小分子水溶有机碳可被植物和微生物直接吸收利用，还能"组合"无机养分把化肥利用率发挥到极致。这些超卓的性能使它具备了高效快速地给土壤补充有机养分，给农作物提供能源的作用。这就是制造碳肥的依据。

利用大分子有机物料，经化学裂解、微生物分解和高能物理碎解等方法，或多种方法组合加工，就能生产富含小分子水溶有机碳的有机碳肥。

四、土壤肥力阴阳平衡原则

（1）碳养分是植物养分的母体。没有碳，化肥什么也不是。土地贫瘠化使农作物患"缺碳病"，亚健康，不可能高产。

（2）碳架按既定比例组装植物所需其他营养元素，共同形成有机物质。这就推导出"有机碳养分—无机养分"阴阳平衡的施肥原则。

五、土壤肥力阴阳平衡动态图

（1）碳养分占植物所需营养元素 50％以上，是植物营养元素的"超宽版"。所以碳不可能与其他必需元素箍成一个木桶，而是形成阴阳两面。碳养分就是阴面，各矿物质元素养分是阳面，氢和氧（H_2O）属中性，是阴阳面的穿合者，相当于阴阳太极图中的 S 形线。

但传统肥料理论的"木桶法则"是"阴阳平衡图"的补充，有了"木桶法则"，"阴阳平衡图"就动了起来，这就形成如下"土壤肥力阴阳平衡动态图"（图 6-35）。

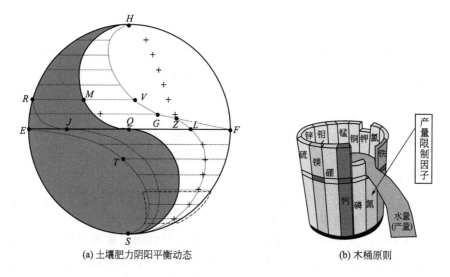

(a) 土壤肥力阴阳平衡动态　　　　(b) 木桶原则

图 6-35　阴阳平衡与木桶法则的关系示意

该图以水平方向弦段阴阳等长代表肥力的阴阳平衡，两段相加代表产量，便能解析几乎所有施肥与产量的关系，这就成为"施肥数学模型"：

$$W = W_0 \times 2RM/EF$$

式中，W_0 为 EF 对应的产量；W 为（$RM + MV$）对应的产量。

（2）土壤肥力阴阳平衡动态图的解读。

① 阴阳平衡图 EF 线段，是水平方向弦最大处（即直径），表示农作物收获最大。从 EF 越往上，越是阴衰阳盛，农作物收获越小。从 EF 越往下，阳段逐渐变短，即越是阴盛阳衰，农作物收获亦越小。

② EF 线以上位置，按"阴阳平衡原则"，农作物收获区就在 H-R-E-Q-L-F-G-H 范围内，阴对阳形成制约。在此区外的"纯阳区"H-G-F-H 内，矿物质养分无效，这可解释贫瘠土地化肥利用率低。

③ EF 线下位置，按"阴阳"平衡原则，农作物收获区在 S-F-L-Q-J-E-T-S 范围内，阳对阴形成制约，在此区外的"纯阴区"S-T-E-S 内，有机碳养分（对农作物）是不起作用的，这可解释纯有机肥种植盲目排斥化肥农作物低产。

④ 如果出现无机养分的"短板"，就按图 6-35 中"+"符号的阳段及其平衡的阴段找出阴阳肥力有效区。

图 6-35 表明：植物碳养分与无机养分之间的平衡是主平衡，而矿物质养分之间的平衡是次平衡。失去主平衡，次平衡说明不了问题。

六、建立"富碳农业"大系统

1. 环保与农业"捆绑"做

在固液有机废弃物处置方面长期实行"割裂论"。搞环保的只管"处理—达标—排放"，把宝贵的有机营养资源变成二氧化碳排掉。

在"碳思维"指导下，"无臭免翻堆自焖干"堆肥技术、各类有机废水的无害化肥料化转化技术都已完善，"变废为宝"已成为现实。

2. 对耕地进行多渠道多层面的碳覆盖（图 6-33）

如果把"种养结合"确定为基本的农业发展模式，我国农业就能快速摆脱土壤质量危机，并在战略层面逐渐建立起优越的发展态势。这里介绍笔者对实现"富碳农业"的战略思考。

（1）抓好乡镇级种养结合和无臭免翻堆堆肥　在农业区，以大体 5

头猪对 1 亩地（其他畜禽类推），一个乡镇存栏 5 万头，就可以肥沃 1 万亩地。这些耕地化肥利用量将下降 50%，即大约节省化肥 1500t，但农作物却可增产 30%以上。

以全国主要农业区大约 20000 个乡镇计，每年可减用化肥 3000 万吨。现在农业部大力提倡的"化肥减量"，就可以这样来实现。

（2）到大西北去沃土扶贫　我国有多个农牧业大集团，有国营的，也有民营的。这些集团经营庞大的畜禽养殖产业，牲畜和鸡的存栏量都大得惊人。但是几乎没有例外地都是排污大户，即使让他们就地搞"种养结合"也是办不到：人家的专业是养不是种，况且养殖场附近也没有那么多地给他们消纳废弃物的转化物（堆肥和液肥）。

针对这种情况，笔者设计一个解决方案：沃土扶贫。现在我国西北地区耕地贫瘠化最为严重，农户贫困率也最高。国家可以通过政策引导和行政措施，使上述特大型养殖企业建立无臭免翻堆堆肥厂，生产合格的有机肥，国家以成本价（每吨约 250 元）采购，用列车运到西北农业区分给农民。我国每年畜禽粪便产生量约 18 亿吨，其中 1/3 约 6 亿吨来自大集团养殖，按上述方式每年能收集有机肥 4 亿吨，可覆盖 1 亿多亩农田。有人可能会说：运费太贵了。其实历来我国向西北开的货运列车，有 50%以上是空车皮。大量的东（南）肥西（北）运，就可利用这些空车皮，基本上不增加铁路运力的负担。只要拿出西气东输和南水北调那种决心，即"国家意志"，形成长期政策导向，每年动用 1500 亿元扶贫款投入沃土扶贫，相信在新中国成立 100 周年之前，西北地区农田土壤贫瘠化就会彻底改观，这些地区农作物产量将成倍增长，彻底斩断当地农民的穷根，农民脱贫（或不再返贫）问题将完全解决。

（3）把大型养殖场办到盐碱地去　我国约有 5 亿亩盐碱地，相当于一个中等体量国家耕地的总面积。几十年来，国家投入了大量资金于盐碱地改造，科技人员进行大量的研究探索，取得了一些成功的案例。

盐碱地改造方案因地制宜，措施数不胜数，但有三个重大问题无法回避：一是需要大量有机肥，即所谓"以肥压碱"；二是需要大量淡水，即所谓"以水洗盐"；三是必须建造排灌系统，洗得了排得掉。要做足这三条，如果有机肥、淡水和工程系统都靠外购，那么改造盐碱地的投资成本就很大，要保持改造效果不返盐不返碱则费用更大。

如果把思路转变为种养结合：把大养殖场办到盐碱地区，利用和改造养殖场粪便和污水，将其施到盐碱地，则改造盐碱地所需的有机肥料和淡水都有了几乎是免费的来源；再利作物秸秆捆扎后埋到地里，形成纵横交错深浅有序的地表下排水系统，省去了大量工程管道费用。几年后对土地来一次深耕，这些已变成腐殖质的秸秆又可以进一步改造土壤结构提高肥力。

经改造的盐碱地可以种饲料作物，使畜禽养殖对社会粮食的依赖大大下降。

盐碱地改造的初期，要保持每亩地每年施入 10t 有机肥，也即每亩对应存栏 10 头猪（其他畜禽类推）。3 年内存栏 10 万头猪场可改造盐碱地 1 万亩，这些地可以种植饲料作物供 1 万头猪食用。3 年后维持这 1 万亩的用肥仅 3 万头猪的排泄物即可，其余 7 万头猪的排泄物又可以去改造 0.7 万亩盐碱地，以此类推，10 万头存栏 9 年内共可改造 2.2 万亩盐碱地并保持不反盐碱，而改造后的盐碱地可解决 10 万头猪约 30% 的饲料供给。如果养牛则饲料自给率会更高。

只需投资把淡水引到养殖场，大养殖集团就能把养殖基地建到盐碱地。仅以利用 1 亿亩而言，9 年内可逐渐使养猪年存栏达到 4.5 亿头，年出栏约 6.8 亿头。这新增的 6.8 亿头是在基本不占用现有农业资源的情况下产生的，其养殖成本会明显低于一般养殖场。这将大大改变我国养殖业和环保业的格局，并使我国由猪肉进口国转变成出口国。

3. 实施"天补""地补"的富碳农业

富碳农业还有一种重要资源：二氧化碳。提高农作物环境 CO_2 浓度，或增加对农作物光能的供给，或两者兼用，也可起到显著的增产效果。对此称之为"天补"。"天补"加"地补"，农作物产量能翻番（见图 6-36），土地可永续耕作。

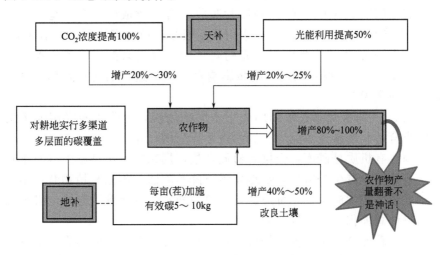

图 6-36 "天补"与"地补"

我国农业现代化既要借鉴发达国家的好经验好模式，更要立足国情，要先解决主要矛盾。当前面临的是 75％ 贫瘠化的耕地和大量缺乏农业文明素养的农民。必须树立清醒的"碳思维"，从物质循环做起，搞"天补地补"的"富碳农业"，这样就能实现弯道超车。可以用一句话来概括：给碳一个支点，它能撬动地球。

第九节　有机碳肥技术的历史性贡献

正因为有机碳肥是农业生态系统阴阳平衡的能源，所以应该推动形成有机碳肥大产业并建立有机碳肥技术体系。这个技术体系包含十分丰富的内容，概括起来就是"创新理论、破解难题、颠覆传统、推动变革"。

一、创新理论

（1）碳占植物所需营养元素总量的 50％ 以上，又是植物生命活动的能源。必须为碳正名确位：碳是植物的"基本元素"。

（2）碳是土壤肥力的缔造者和核心物质。土壤有机碳养分耗尽，导致土壤肥力衰竭，是土壤贫瘠化的主因。

（3）植物碳养分的存在形式是可水溶的小分子有机碳，其含碳量称为"有效碳"（AOC）。CO_2 被叶片吸收光合转化成碳养分，是"主通道"，但必须耗能。小分子有机碳由根系吸收被植物直接利用，不耗能。图 2-13 所示的韭黄，是由不见光的陶罐内培育出来的，韭黄的碳积累仅靠根系吸收。"根吸通道"同步影响着"主通道"的转化效率。这就是"二通道说"。

图 2-16 两组叶菜在午间阳光下不同的表现，证明了根吸碳通道对叶吸光合转化的碳通道起着"四两拨千斤"的作用。

（4）有机质是碳库，土壤有机质含量可用来标示土壤肥力（质量）。

耕地面积减少是减法，耕地质量下降是除法。不论从植物营养学还是从农业生态学的角度，都应认定土壤有机质 3％ 含量是红线，必须像守住耕地总面积红线一样严防死守！

（5）碳养分是植物养分的母体，没有它无机养分无所作为。也就是说没有碳，化肥什么也不是。土地贫瘠化使农作物患了"缺碳病"，也就是严重营养不良症。这就造成低产和农产品质量低劣。缺碳病造成农业损失超过其他任何一种农业病害。

（6）土壤不是单纯的肥料贮存器和输送带，而是对肥料进行二次加工的"消化系统"。加工能力越强肥料被利用率就越高。在这个加工系统中，微生物是基础生产力。以微生物为基础的生物多样群系，是土壤自肥和自我修复机制的创造者。所以土壤修复的要义是"养地"，也就是贮碳于土。不要采取诸多愚蠢措施把耕地变成死土。

（7）微生物的主要能源是碳，小分子水溶有机碳是微生物能直接吸收的"婴儿奶粉"，而有机质中的碳基本不水溶，它仅仅是"碳库"，还有待微生物的分解和复杂的氧化还原作用，才能逐渐分解为碳养分。这一点正是有机碳肥与传统有机肥的区别。

（8）碳架是植物所需无机元素的"组合者"，共同形成有机物质。这种"组装"是按既定比例进行的，这就推导出"有机碳养分—无机养分"阴阳平衡的施肥原则：哪方面多了，多余的不起作用；产量受少的方面所制约。

（9）根据"阴阳平衡原则"，还可推导出"土壤肥力阴阳平衡动态图"。该图在阴阳平衡的基础上揉进了无机植物养分"木桶法则"（图 6-35）。以水平方向弦段阴阳等长表示阴阳平衡，相加代表产量，便能解析几乎所有施肥与产量的关系，这就成为"施肥数学模型"。

二、破解难题

1. 破解了"化肥使土壤板结"的认识

事实真相是：缺碳使土壤微生物不能繁殖，团粒结构不能维系，土壤就板结。往板结土壤每亩施几千克液态有机碳，五六天内土壤就疏松并可持续数月以上。

2. 破解了果树大小年的魔咒

事实真相是：果树"大年"之后，耗尽了果树几乎全部能量，"国库"空虚，必然造成次年的歉收甚至绝收。在果树采摘前后及时补充有机碳肥和适量化肥，就能提高光合转化率重使"国库"充盈，次年还能大丰收。

3. 破解了"花而不实"和"严重落果"之谜

如图 6-37 所示，相同地块中，施"有机碳-无机复混肥"与单施复合化肥的百香果，果实累累与花而不果的对比。事实真相是：农作物由开花到结果，由小果到膨大，都需要大量碳能。当作物得不到足够碳养分，就造成花而不实或严重落果。

"花而不实"原来不是什么"营养生长压抑生殖生长"而是缺碳，旺而不花才是营养生长抑制生殖生长。

(a) 百香果施高碳生物有机肥　　　　　　(b) 百香果施复合肥

图 6-37　有机碳肥在百香果的应用对比

4. 破解了低温寡照必然歉收的悖论

低温寡照使农作物陷入碳"饥饿"，化肥救不了它。而施有机碳肥，就能使农作物吸收利用碳能重现勃勃生机，获得正常收成。

5. 破解了旱涝冻害防治的难题

图 6-38 是作物受冻和受涝的对比照。农作物对灾害抵抗力差，是由于农作物本身体质差（亚健康）和土壤板结缺乏缓冲机能，使用有机碳肥就能解决这些问题。

(a) 茶树施有机碳肥(右)遇寒流后依然青翠　　　(b) 青花菜水浸后抢救对比

图 6-38　农作物遭遇严重自然灾害对比

6. 破解现行"有机食品"的伪科学真相

有机种植被解释为"纯有机肥种植"。这种农产品欠缺无机养分，营养积累不齐全不丰富，也是一种亚健康态，怎么能高产呢？施用有机-无机阴阳平衡的肥料，农产品营养是最丰富最健康的，当然也是既优质又高产的。这才是科学的有机种植。科学意义上讲，植物有机碳养分足够丰富，无机养分充分利用，不会出现无机离子游离于体液中，就是有机食品，正如"阴阳平衡动态图"中 EF 线下全部位置。

以是否使用化肥作为判断"有机食品"的标准，误导了种植户，阻碍了农业发展。如图 6-39 所示，是有机-无机阴阳平衡用肥与纯化肥比较的水稻，增产 40％ 以上，而且所产大米更好吃，蛋白质含量提高 2％。

图 6-39　水稻阴阳平衡施肥与纯化肥比较

7. 破解了中药材种植产业的危局

随着原生态环境的缩小和市场需求的上升，大部分中药材出自人工种植已是大势所趋。但多年人工种植的事实证明：中药材质量难以保障，优质品率越来越低，而农药残留等问题却凸显出来了。业内人士发出了这样的哀叹：中医将要毁于中药！

问题出在种植者没能给中药材创造一个接近原生态又比原生态养分更丰富（收获量大）的生存环境。中药材原生态的本质是什么？水和空气干净，养分不甚丰富但阴阳平衡，土壤微生物体系健康而协调，多种植物共生共荣，因而病虫害少。但在进入人工种植中这些要素没有被复制。以化肥为主的施肥使土壤生态恶化，百病滋生，化学农药的介入，中药材药效逐渐降低。

以有机碳肥为主导的阴阳平衡施肥，可以重建健康的土壤生态，使中药材获得丰富而全面的物质积累。近两年在云南三七和长白山人参的应用中，都种出了高产而质量可与原生态媲美的产品。

8. 破解了病弱大树救治的难题

大树老树树体贮存着不少营养，但由于根少叶稀不能循环，不循环就面临死亡。植物也有心脏，根是下心房，叶是上心房，上下心房协同推动循环不息的营养流和新陈代谢。有机碳肥能壮根生叶，形成植物强大的心脏，树体便能复壮。

图 6-40(b) 是深圳市莲花山公园一株有纪念意义的金桂树，移植后 6 年不发芽。有机碳肥使它发芽复壮。图 6-40(c)、(d) 是有机碳肥对大树头的救治，在湖南浏阳等地经营大树头的农户，已经把有机碳肥当作景观树的"保护神了"。

(a)

(b)

(c)

(d)

图 6-40　有机碳肥使老树复壮案例

9. 破解了一种微量元素"缺素症"假象

农业界盛行"头痛医头、脚痛医脚"，植物显示缺某种微量元素了，就施某种微量元素。殊不知往往被假象所迷惑。在显示缺素的庄稼地，施上有机碳肥就不发生"缺素症"。这是有机碳肥使板结土壤得到改良，植物根系发达，并使微量元素活性提高，作物就不会得"缺素症"。

10. 破解了焚烧秸秆的顽疾

不带碳养分的秸秆腐解菌剂到地里缺乏"起爆"能量，微生物不干活，秸秆长时间不能腐解，农民只好一烧了之。使用有机碳腐解菌剂（BFA）可因地制宜地在短时间内实现秸秆腐解。图6-41是应用BFA于秸秆还田的两种方法。

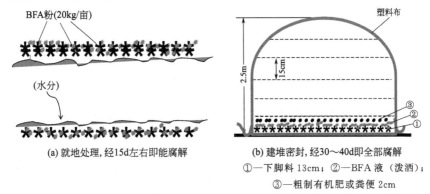

(a) 就地处理,经15d左右即能腐解　　　(b) 建堆密封,经30～40d即全部腐解

①—下脚料13cm；②—BFA液（泼洒）；

③—粗制有机肥或粪便2cm

图 6-41　秸秆还田的两种模式

11. 破解了沼液和垃圾渗滤液肥料化的关键技术

沼液和垃圾渗滤液极度缺氧且发臭，直接浇灌农田会致死庄稼，成为有机污染源。用有机碳菌液加以分解，变成了小分子水溶有机碳营养液，可连续直接浇灌农作物（图6-42）。

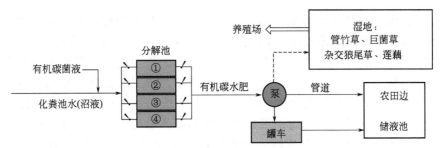

图 6-42　沼液分解和消纳示意

图6-43是河南南阳养殖大户的案例，图6-43(a)沼液直接浇入莲藕田，致使莲藕黄叶；图6-43(b)是沼液分解后浇入莲藕田，莲藕长势很好。

(a)　　　　　　　　　　　(b)

图 6-43　低浓度有机废液分解效果对比

三、改变传统

1. 颠覆了有机肥料传统理论和技术标准

从有机碳养分的视角观察，以现行有机肥料行业标准（NY 525—2012）为代表的有机肥料传统理论存在三大问题：一是生产目标不明确，"提供植物养分"，不提有机养分（或碳养分）；二是技术标准的逻辑，"有机质含量（干基计）≥45％"。有机物料经过发酵，有机质含量是下降的，用大于等于（≥）号，这从何说起？三是文不对题，"总养分（干基计）−(N+P_2O_5+K_2O)≥5％"，有机肥料拿纯无机养分指标来表示，这是不恰当的吗？

正是这种理论和标准，使有机肥行业失去了自己的魂，生产出一堆没有有机肥力的"粗、重、慢"的空壳。

2. 颠覆了有机肥料主流的生产工艺

在错误的理论和标准的指导下，全国正规有机肥料厂普遍沿用"好氧菌高温发酵—不断翻堆—高温烘干"的生产工艺，生产线投资巨大，耗能严重，加工成本高，生产车间臭气刺鼻，灰尘迷漫，却生产出只能当"土壤改良剂"的产品。问题在于生产工艺，完全抛弃了我国农业文明的精髓——农村堆肥的制作工艺，把有机废弃物中最宝贵的有机碳养分当作去除的对象，通过高温发酵不断翻堆甚至高温烘干予以扬弃。把发酵时产生的小分子有机碳大量氧化成 CO_2 排掉，有机肥厂成了"巨型二氧化碳发生器"，使产品中 AOC 含量普遍在 1％ 以下。这种肥料"粗、重、慢"，性价比太低农民不爱用。如图 6-44 所示，用简易"矿泉水瓶法"检测各种有机肥的质量。

图 6-44　不同有机肥料"矿泉水瓶法"鉴别
①—矿物黄腐酸（不通透）；②—优质农村堆肥（浓而不够通透）；
③—BFA 技术堆肥（浓而通透）；④—海藻渣肥（淡、不通透）；
⑤—传统工艺有机肥（无色）；⑥—生物有机肥（淡而通透）

3. 颠覆了有机肥"发臭就是好肥"的误读误解

用传统主流工艺生产的有机肥，总是带有臭味。不少专家和许多农民都认为，"有臭味就是好肥"。可是同样物料用 BFA 技术（不翻堆自焖干）制造的有机肥，不但产成品没有臭味，在建堆后料温开始上升便没有臭味了。而事实证明，后者肥效却比前者高 50%～100%。

这里牵涉两个观念问题：①有机肥料生产目标是生产"$N+P_2O_5+K_2O$"还是生产有机碳养分？②有机肥料发臭的原因是什么？

"生产 $N+P_2O_5+K_2O$"论者认为：有臭味表明含氮量高，因此是好肥。"生产有机碳养分"论者认为：发酵过程中保留更多有机碳养分，丰富的"碳框架"就能组合更多 NH_4、S 等无机养分，肥料没有 NH_3 和 H_2S 逸出就没有臭味。这么比较，哪种有机肥是好肥就不辨自明了。

4. 颠覆了"化肥利用率是化肥的问题"的思维定式

我国化肥利用率平均约 35%，与发达国家相比差一大截。几十年来为了提高化肥利用率，肥料专家们做了大量工作，创造出许多旨在提高化肥利用率的品种。我国成为化肥品种最多、类型最复杂的国家，但我国的化肥利用率还是在 33%～35% 徘徊。

5. 颠覆了"用化学农药防治病虫害"的主流技术模式

多年来不管农业专家们怎样努力用生物农药、生物防治和其他农艺措施来取代或者消减化学农药的使用，都没能动摇用化学农药防治病虫害的主流地位。当有机碳肥一介入，这一切都变了。图 6-45 是根结线虫肆虐的农田，图 6-45(a) 用化学农药，毫无效果，芥菜地被放弃了；

图 6-45(b) 用有机碳肥线虫并没有消失，但芥菜不受危害。

大量事实表明：常态化使用有机碳肥，化学农药可减用 60% 以上。

图 6-45　芥菜种在根结线虫地的两种景象

6. 颠覆了"农作物重茬会绝收"的结论

"重茬症的土地种不出同种作物"似乎成了定论。对此，许多专家还给出了言之凿凿的论证。原因有缺素、上茬作物留下毒素等原因。诚然，有这方面的原因，但绝不是根本原因。用"土壤三大肥力碳为核"的观点来解释，土壤贫瘠化使其失去自净自肥机能，把上述"缺素""残毒"等问题突显出来了，使相同作物在这种环境中特别难以生存。而经过足够的沃土肥田措施，或者施用足量的含功能菌的有机碳肥，在有"重茬症"的土地种同样的农作物，完全能够获得正常收成。土壤是生命体，它若保持旺盛的生命力，就具备自我修复能力，使包括重茬症在内的土传病发病率降到"理论危害点"以下。

当然，在有条件的地方，采取轮作或休耕等农业措施，将会获得更好的经济效益和生态效益。

7. 颠覆了豆科植物自带氮肥的传统认识

豆科植物的根瘤菌能固氮，使空气中的氮气转化为有机氮存在根瘤中。但如果没有足够多的碳养分，植株根部的根瘤是硬的——氮养分没有被利用。土壤肥沃时，这些根瘤多数变成空壳，氮养分被碳养分组装带走了。

8. 颠覆了人们对某些农作物产量上限的认知

人们习惯了"化学农业耕作方式"种出来的农作物，什么作物单产是多少，形成了一种基本的认知。殊不知大多数认知的产量，是该种作物在经常性碳饥饿的情况下生长收获的，其单产远远达不到该作物DNA发挥到极致的产量，也即远离"土壤肥力阴阳平衡动态图"的

EF 线。

当把肥料配置成"阴阳平衡"且丰足，奇迹发生了：黄瓜增产100％、红薯增产150％、玉米可以每株收双棒。图 6-46 为西兰花可以每株连续采三朵，图 6-47 表示水稻能增产 40％。

图 6-46　西兰花三采图

实验　　　　对照

图 6-47　水稻长势对比

9. 颠覆了对有机废水"以降低 COD 为目标"的传统环保方针

COD 是以碳消耗氧为计量单位的环保名词，叫"化学需氧量"。因为 COD 高的有机废水会发臭污染环境，排入水中会耗氧引起水生态恶化，因此环保部门必欲除之而后快。"除之"的办法主要是通过强化曝气，把废水中的有机质分解氧化成 CO_2 排掉。碳少了，COD 就降下来了。

但有机碳肥学者认为 COD 中的水溶性有机碳（DOC）是有机碳肥的上佳原料，只要把它的一个分子碎裂成几十乃至几百个更小分子，就是高效快效的植物有机营养。现在这方面的技术已经成熟，无论是高浓度 COD，还是低浓度 COD，都可以被分解成有机碳肥或水肥去沃土肥田。

四、推动变革

1. 为化肥产业结构改革提出思路

"阴阳平衡"是施肥的基本原则。化肥之所以利用率低，被误解为"产能过剩"，要被"限产"甚至"替代"，并不是化肥本身的原因。全国年产 6000 万吨化肥，平均到每亩耕地每年才 30 多千克。问题出在我国农村进入"后有机种植"时代，物质循环和养地的传统被主流理论界忽视了，被农民遗忘了。化肥失去有机质养分这支同盟军而孤军奋战，难免自身利用率低，还导致农业低产和土壤贫瘠化。

所以化肥产业结构必须彻底改革，要研究"阴阳平衡"。谁规定化肥厂只能生产无机肥料？只要把丰富的有机质资源变成精细高效的小分子有机碳物质，组装到化肥里去，生产出中国特色的"棕色化肥"，化肥企业的前途将一片光明。

2. 为有机肥和腐植酸行业的技术进步指明方向

优质腐植酸与碳肥只隔一道桥。腐植酸行业只把自己当"土壤改良剂和肥料增效剂"，而要敢于喊出"我能给土壤和农作物提供有机养分！"，应积极采纳先进工艺技术，把腐植酸分子做得更小。腐植酸本就天生丽质，只要跨出这一步，行业发展一片光明。

3. 为微生物肥料行业打通发展的瓶颈

我国微生物肥料产品普遍表现不稳定，有时竟不如优质有机肥。所以目前微生物肥料价格上不去，农户口碑不佳，行业发展遇到了瓶颈。造成这种局面的原因比较多。但最为普遍也是最主要的原因是微生物没有贴身的"营养包"——碳养分，如图 6-48 所示。曾取数款市场上的生物有机肥，用"矿泉水瓶法"试验，上清液几乎是无色的，或极浅的灰色，都不带黄，说明基质基本上没有碳养分。这如同微生物"空降"到恶劣的土壤环境，便失去生存繁殖能力。问题出在微生物专家们一个误解，以为土壤中有机质含有 58% 的碳，饿不着微生物。殊不知此碳非彼碳，有机质中几乎没有可被微生物直接吸收的碳。

图 6-48 微生物宝宝不带干粮

4. 为无土栽培输送好肥料

无土栽培需要水溶肥。由于商品有机肥溶不进水,腐植酸易絮凝,都不好用。所以我国现在的无土栽培营养液几乎清一色用高溶解性化肥配制。这种肥料栽培的农产品,外观不健壮,口感乏善可陈。这是缺碳所致。

要发展无土栽培,必须解决营养液"阴阳平衡"问题,在配制营养液时,按"$AOC/(N+P_2O_5+K_2O)=0.25$"的原则加入液态有机碳,就可配制出带碳养分的水培营养液,如图 6-49 所示。生产出来的农产品必定面貌焕然一新,产量和单价都可以大幅度提升。

图 6-49 纯无机营养液和阴阳平衡营养液

纯无机营养液缺碳细菌不繁殖,作物根系一般不会缺氧。加入碳养分后,液体中 C/N 提高,细菌会很快繁殖,易造成根系缺氧,液体培养基中的"菌氧效应"与土壤相反。所以务必使营养液循环起来。

5. 为种养结合循环农业提供科学经济的技术路线

种养结合是传统农业的主要模式，物质循环形成了维系我国几千年农业文明的遗传密码。自从土地经营体制发生变动，农村城市化浪潮兴起，种养之间就被割裂开了。不到两代人时间，种养割裂产生的恶果处处可见，我国农业文明的根基被动摇，土地贫瘠化，农作物缺碳低产，农产品安全问题引起广泛重视。

如何建立新形势下的循环农业？最近一个蓝莓种植户每亩使用 10t 鲜牛粪做底肥，种下的蓝莓叶黄干焦，紧急向笔者求救。此事提示：必须下大力气向农业从业人员普及"碳思维"，指导他们就地取材因地制宜地建立以"碳转化"为目标的物质循环模式，安全高效地贮碳于土、沃土肥田。

6. 为环保与农业"捆绑做"提供应用模式

在"碳思维"指导下，固体有机废弃物"无臭免翻堆自焖干"堆肥技术、各类有机废水的无害化肥料化转化技术都已完善，可以在工厂实现量产，也可以因地制宜在田间地头加工，成为无害化的有机营养。"变废为宝"已不再是口号，而将成为祖国大地千千万万人的常态化行动。

几千年来我国农民施肥主要靠养殖业。在祖先的心目中，养地是农民的正业、主业，与种庄稼同等重要。可现在，我国却出现"大种植户"和"大养殖户"两种专业。种植户的土地饥（缺碳养分）渴（缺水）难耐，养殖户却粪污乱排污水横流。这里要痛定思痛，建立种养结合模式，使环保减负，农业富碳。

有机碳肥技术包括有机碳肥的创新理论、有机碳肥的生产工艺、有机碳肥的应用和有机废弃物的资源化利用，乃至构建富碳农业体系，这是一个崭新的丰富的技术体系。它是适应我国新时代要求的推动碳循环的技术，它的产生是世界肥料理论和肥料产业改革发展的里程碑式的事件。它宣告了以氮、磷、钾为主题的造肥用肥时代的结束，以碳为母体阴阳平衡的造肥用肥的时代开始了。

附录 国内从事生物腐植酸和有机碳营养研发单位信息

单 位	联系人	电话
福建省农业科学院	刘波	13505917339
福建绿洲生化有限公司	李瑞波	13605054740
西北农林科技大学	刘存寿	13572078366
中国农业科学院农业环境与可持续发展研究所	朱昌雄	010-68919561
华南农业大学资源环境学院	廖宗文	020-85283066
华东理工大学资源环境学院	周霞萍	021-64253236
广西大学化学化工学院	李群良	15296556899
上海通微生物技术有限公司	张常书	021-32170695
河北生态源生物工程有限公司	阎华民	13803193359
四川省达州市硒佑农业有限公司	毕超	15528887373
沈阳东仑光碳肥业有限公司	张兴邦	15941687008
江门杰士农业科技有限公司	吴家强	0750-3220907
南通市绿色肥料研究所	王为民	0513-86017726
云南科立康农业科技有限公司	刘志伟	13987180894
云南田圆梦生物科技有限公司	张子玉	13759252095
太原美邦腐植酸科技发展有限公司	李斌	0351-7023718
诏安县深桥镇农业技术推广站	陈建茂	13063131560
浙江省杭州三得农业科技有限公司	王爱新	13757115608
广西亿稼福农业发展有限公司	张贤轰	18897588880
上海绿缘三元素生物科技有限公司	梁巍凡	021-35070009
柏华阳光国际农场经营管理(北京)有限公司	高浚	010-64151568

参 考 文 献

［1］ 成绍鑫. 腐植酸类物质概论. 北京：化学工业出版社，2007.
［2］ 贾小红. 有机肥料加工与施用. 北京：化学工业出版社，2010.
［3］ 李瑞波，吴少全. 生物腐植酸肥料生产与应用. 北京：化学工业出版社，2011.
［4］ 李瑞波，李群良. 有机碳肥知识问答. 北京：化学工业出版社，2017.